Mr.Know-All

从这里，发现更宽广的世界……

焉焉 BOOKS

青少年科学与艺术素养丛书

神奇地球

小书虫读经典工作室 编著

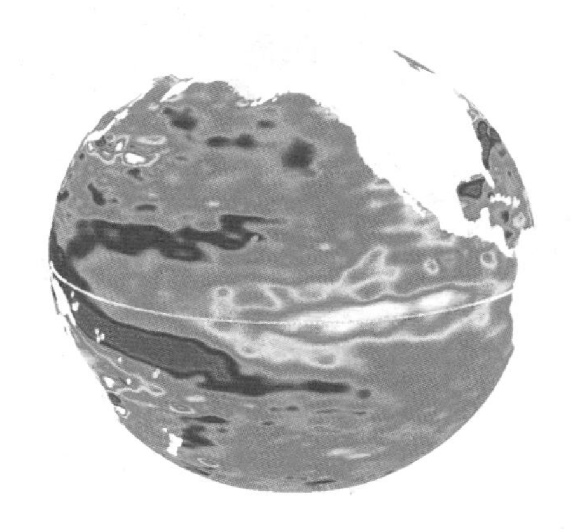

天地出版社 | TIANDI PRESS

山东人民出版社·济南

国家一级出版社 全国百佳图书出版单位

图书在版编目（CIP）数据

神奇地球 / 小书虫读经典工作室编著. 一 成都 :
天地出版社 ; 济南 : 山东人民出版社, 2022.6
（青少年科学与艺术素养丛书 ; 4）
ISBN 978-7-5455-7078-6

Ⅰ. ①神… Ⅱ. ①小… Ⅲ. ①地球一青少年读物
Ⅳ. ①P183-49

中国版本图书馆CIP数据核字（2022）第072446号

SHENQI DIQIU
神奇地球

出品人　杨　政
编　著　小书虫读经典工作室
责任编辑　李红珍　李菁菁
装帧设计　高高国际
责任印制　董建臣

出版发行　天地出版社
（成都市锦江区三色路238号　邮政编码：610023）
（北京市方庄芳群园3区3号　邮政编码：100078）
山东人民出版社
（山东省济南市市中区舜耕路517号11-14层　邮政编码：250003）
网　址　http://www.tiandiph.com
电子邮箱　tianditg@163.com
经　销　新华文轩出版传媒股份有限公司

印　刷　北京盛通印刷股份有限公司
版　次　2022年6月第1版
印　次　2022年6月第1次印刷
开　本　700mm×1000mm 1/16
印　张　300（全20册）
字　数　4800千字（全20册）
定　价　998.00元（全20册）
书　号　ISBN 978-7-5455-7078-6

咨询电话：（028）86361282（总编室）
购书热线：（010）67693207（营销中心）

总 序

聂震宁

一段时期以来，推广阅读特别是推广校园阅读时，推荐种类大都以文学或文史类居多，即使少量会有一点与科学相关，也还大都是科幻文学和科普文学作品，纯粹的科学与艺术知识类图书终归很少。这不能不说是一个很大的缺憾。

重视文史特别是文学阅读，当然无可厚非——岂止是无可厚非，应当说是天经地义！“以史为鉴，可以知兴替”，读文史书的意义古人早已经说得很深刻，而读文学的意义更是难以说尽。文学是人学，是对人的灵魂和精神的洗礼，是对人的心性、品格和气质的滋养。中国近代思想家、《少年中国说》的作者梁启超先生曾经指出：“欲新一国之民，不可不先新一国之小说。故欲新道德，必新小说；欲新宗教，必新小说；欲新政治，必新小说；欲新风俗，必新小说。”中国现代文学奠基人、著名文学家鲁迅先生年轻时认识到文学可以改善人们的思想觉悟，唤醒沉睡麻木的人们，激发公民的爱国热情，因而弃医从文，写出大量唤醒民众、震撼人心的文学作品，成为五四以来新文化运动的先驱和主将。

一个人如果在少年儿童时期阅读到许多优秀的文学作品，必将受益终生。优秀的文学作品能帮助我们树立壮丽而远大的理想，激发我们追求真理、勇攀高峰的勇气，引导我们对人生、社会、历史以及文学艺术形成深刻的理解和体悟。文学阅读不能没有，然而，科学知识的阅读同样也不能没有。科学是关于发现、发明、创造、实践的学问。科学能帮助我们了解物质世界的现象，寻求宇宙和自然的法则，研究自然世界的规律……通过科学的方法，人类逐渐掌握了物理、化学、地质学、生物学、自然以及人文科学等各个方面的知识和规律。人类的进步离不开科技的力量。科技不仅仅承载着人类未来和探索宇宙等重大使命，也与我们的日常生活息息相关。了解必备的科技知识，掌握基本的科学方法，形成科学思维，崇尚科学精神，并掌握一定的应用能力，对于少年儿童的成长具有特别重要的作用。

然而，长期以来，我国公民的科学素质都处于较低水平。相信很多朋友都还记得，2011年日本发生9.0级强地震引发核泄漏事故，竟然在我国公众中引起了一场抢购食盐的风波。更早些时候，广东和海南等地“吃了得香蕉黄叶病的香蕉会得癌症”的谣传满天飞，致使香蕉价格狂跌不已，蕉农和水果商家损失惨重。虽然事情原因比较复杂，但公民科学素质不高显然是一个重要因素。社会上时不时就会出现的因为公民科学素质不高而轻信谣言传闻的事实，也一再提醒我们，必须下大力气提高公民科学素质。

关于我国公民科学素质相对处于较低水平的说法是有依据的。公民科学素质包含具备基本科学知识、具备运用科学方法的能力、具有科学思维科学思想，同时能够运用科学技术处理社会事务、参与公共事务。按照国际普遍采用的测量标准，经过科学的调查和测量，我国公民具备科学素质的比例一直比较低，在2005年只有1.60%，2010年也只有3.27%，2015年提高到6.2%，但也只相当于发达国家20世纪80年代末的水平。经过近年来各级政府大力开展科学普及工作，2018年我国公民具备科学素质的比例达到了8.47%，与主要发达国家在这方面的差距进一步缩短。科学素质是决定人的思维方式和行为方式的重要因素，是人们过上更加美好生活的前提，更是实施创新驱动发展战略的基础。在科技日新月异、迅猛发展的今天，科技深刻地影响着经济社会人们生活的方方面面，公民科学素质已经成为国家综合实力的重要组成部分，成为先进生产力的核心要素之一，成为影响社会稳定和国计民生的直接因素。提高我国公民的科学素质，应当成为当前的一项紧迫任务。

“青少年科学与艺术素养丛书”就是为着提高我国的公民科学素质特别是少年儿童的科学素质而编著出版的。丛书由小书虫读经典工作室编著，整套图书共 20 册，其中涉及科学知识的有 10 册。

丛书的编著者清晰认识到，这是一套面向中国少年儿童读者的科学普及读物，应当在以下几个方面明确编著的思路和精心的设计。

第一，编著者主张着眼中国、放眼世界。编著的内容既要适合中国的少年儿童阅读，又要具有世界眼光，选题严格把控，既认真参考发达国家同年龄阶段科学教育的课程内容，又从中国青少年的阅读认知实际出发。

第二，编著者要求主题集中。每本书系统介绍相关主题，让读者集中掌握相关知识，在一定程度上达到专业知识完备的要求。

第三，鉴于青少年学习的兴趣需要培养和引导，编著者在坚持科学知识准确的前提下，努力让素材生活化、趣味化。科学与艺术并不是摆放在神坛上供人膜拜的圣物，而是需要通过一个个生动问题的解决来体现的。编著者希望这套图书既能够丰富少年儿童的课外阅读，让他们在快乐阅读中获取知识，又能帮助老师和父母辅导他们的课堂学习，激发他们发奋学习、勇攀高峰的兴趣和勇气。

第四，编著者力争做到科学知识与人文关怀并重。无论是书中问题的设计还是语言的表达，都要注意到体现正确的价值观、健康的道德情操和良好的审美趣味，要有利于培养少年儿童的大能力、大视野、大素质。

此外，这套图书在装帧设计和印制上下了很大功夫。装帧设计努力做到科学与艺术的有机结合，插图追求精美有趣。由于采用了高品质的纸张和全彩印刷，整套图书本本高品质，令人赏心悦目，足以让少年儿童读者在学习科学知识的同时也能得到美的享受。

在我国全民阅读特别是校园阅读蓬勃开展的今天，“青少年科学与艺术素养丛书“的出版无疑是一件值得肯定的好事。在阅读活动中，推广文史类特别是文学图书的阅读，将有利于提高公民特别是少年儿童的人文素质，而推广科技知识类图书的阅读，则将有利于提高公民特别是少年儿童的科学素质。国家要富强，民族要振兴，公民这两大素质是不可缺少的。

（聂震宁，编审，博士研究生导师，第十、十一、十二届全国政协委员，中国作家协会会员，中国出版集团公司原总裁，现任韬奋基金会理事长、中国出版协会副理事长）

推荐序

何　彦

20 世纪的七八十年代，我在读小学和中学。那个时候信息与资料还比较匮乏，知识普及类图书不多，但这没有影响孩子们对自然科学和人文科学的好奇与热情。我和我的小伙伴们读着《十万个为什么》、《上下五千年》、叶永烈的科幻小说、大科学家们的故事……我们景仰着牛顿、爱迪生、居里夫人、华罗庚、陈景润……憧憬着国家实现现代化的美好蓝图，我们被知识激励，被科学家、历史学家引领，在不断学习中终于成为博学、有底蕴、眼界宽广的人。

几十年过去，出版、互联网和人工智能的发展进步使得知识的普及与传播实现了量的积累与质的飞跃。现在的孩子们是幸运的，他们面对着更为多元的知识和拥有着更为优质的学习渠道。但是，个人的时间是有限的，知识传播也呈现出碎片化的倾向，如何让这个时代的青少年全面、有效地对自然科学和人文科学有一个整体的认识，已经成了今天科普出版的重大难题。

因此，我很高兴能够看到这套图书的付梓。它选材丰富全面，但不是机械地堆砌知识，而是引导青少年读者在欣赏一个个美妙的知识细节的过程中，逐渐形成对事物整体的把握。孩子们会看到整个世界就像一个活泼的生命，它多姿多彩，千变万化，有着无尽的可能，让他们由衷地好奇、赞叹，希望亲自去探索。

人类既生活在宇宙空间里，也生活在历史中。我们来自空间和历史，也改变着空间和历史。在这套丛书里，孩子们通过对历史的了解，对科技发展的认识，不仅可以看到人类一路走来的艰辛，也可以看到人类的伟大意志和力量，并思索人类应该肩负的责任。这套丛书在传播知识的同时，也带给孩子们价值观和梦想的启迪。

培根说："知识就是力量。"好的书籍就像接力棒，把人类知识的力量一代一代地传递下去！

（何彦，清华大学化学系教授、博士生导师）

目录

CONTENTS

第一章 冰雪极地

第二章 生命禁区的生存智慧

第三章 地球的鼻祖——火山

第四章 生命的摇篮——海洋

第五章 美丽的海底世界

第六章 你不知道的沙漠

第七章
地球脊梁——山脉

第八章
地下暗世界——洞穴

第九章 地球空调——冰川

第一章

冰雪极地

地球的南北极有着怎样的风光？那里是否和我们居住的地方一样，有山、有水，人来人往？它是一马平川、温和宜人的动物天堂，还是崎岖不堪、滴水成冰的人间地狱？它是大自然的恩赐，还是被上帝遗忘的角落？让我们一起来了解真实的南北极。

南极在哪里

南极不是一个坐上火车或飞机就能轻易到达的地方。地理课上，老师曾指着蔚蓝的地球仪告诉我们南极的位置，爸爸妈妈也曾描述过南极的模样，而这些只言片语的介绍让我们对这片未知领域的感知依旧模糊。什么是南极呢？南极有什么可以让我们感知的事物呢？

▶ 被冰雪覆盖的南极

南极其实就是我们居住的地球的最南端。国际上通常认为，南极是指南极圈纬度66度34分以南的区域，具体包括南冰洋及其环绕的南极大陆和众多岛屿，总面积约为6500万平方千米。南极大陆的形状极富趣味性，它就像一头甩动着南极半岛这条长鼻子的大象，分散在四周的岛屿如同大象脚下不起眼的小沙粒。

南极几乎是继沙漠之后又一不毛之地的代名词，其陆地上偶尔才能见到地衣、苔藓等低等植物，海洋里的生机也被掩盖在层层冰下。这里的大地与天空一色，乳白的世界在冰原气候下一成不变，生机蕴藏在细节中。

瞧，这就是南极，是地球最南端的一块区域，这里滴水成冰，几乎寸草不生。这里覆盖着厚厚的冰雪，闪耀着美丽的光芒。

南极有四季吗

我们生活的地方分为春夏秋冬四个季节，一年中可以感受到不同季节的魅力，春秋穿长袖，夏天穿短袖，冬天穿棉袄。昆明的气候始终温润也有四季之分，哈尔滨冬季漫长也有季节界限，在南北极同样也有季节的划分，下面我们看一下南极的季节是怎样划分的。

南极一年温度波动不大，科学家就把南极季节分为寒、暖两季。一年中4月~10月是寒季，这段时间为极夜，太阳公公绝不露面。寒季是南极最冷的时候，很多动物在这个时候选择迁徙。可是美丽的极光喜欢在这时出现。11 月至次年 3 月是暖季，阳光重现，太阳公公不知疲倦、不眠不休，近六个月的极昼一点儿都不马虎。寒冷在这片大地上稍稍收敛，动物们开始回来活动，低等植物也加快了生长速度，南极的春天拉开了序幕。人类的科学考察活动通常也在这一时期进行。

尽管南极只有寒、暖两季，但每个季节都有每个季节的特色，每个季节都有每个季节的魅力和珍贵之处。

南极为什么比北极冷

北极的年平均气温为零下 10 摄氏度，观测到的史上最低气温为零下 71.2 摄氏度。而南极的年平均气温为零下 30 至零下 25 摄氏度，观测到的史上最低气温为零下 89.2 摄氏度（1983 年）。同样处在地球的极点，为什么南极会比北极冷呢？

我们已经知道，北极的中心是浩瀚的北冰洋，而南极的中心是一望无际的陆地。因为陆地吸热快，散热快，海洋吸热慢，散热也慢，所以南极热量散失得快，而北极虽然吸收热量慢，却能储存住热量，这是南极比北极还要寒冷的主要原因。南极大陆是世界上海拔最高的大陆，我们爬山时总觉得爬得越高就越冷，海拔差异也导致南极比北极气候更寒冷。

除了上述两大原因，南极比北极更冷，也受到气压和寒流因素的影响。南极洲中心为极地高气压区，气流从中心流往四周，阻挡了低纬度地区的暖空气进入南极。雪上加霜的是，南极大陆外围环绕着南极寒流，这是一种寒冷的气流，它的作用是降温减湿，而北极却能得到北大西洋暖流带来的温暖。

这么多因素的共同作用就使得南极比北极更冷了。

小贴士

世界冷极在哪里

世界冷极最早被认为是在北极，当时的低温纪录是零下 59.9 摄氏度。1926 年，地理学家谢尔盖·奥布卢切夫在俄罗斯西伯利亚地区的奥伊米亚康测得零下 71.2 摄氏度的低温，是世界又一新冷极。后来，南极东方站测得的零下 88.3 摄氏度的低温轻易就打败了所有的对手，但这并不是竞赛的结束。1983 年，科学家在南极点附近测得零下 89.2 摄氏度的低温。从此，南极便被冠以“世界冷极”的称号。

极地臭氧空洞是天破了个洞吗

说到臭氧，你知道它是什么吗？它是一种有特殊臭味的气体，因为和氧气的组成元素一样而被称为臭氧。臭氧不同于氧气，它不能为我们的呼吸提供必要的条件，且具有强烈的刺激性，如果我们不小心吸入的话会对身体造成危害。可是它在其他方面的重要作用使它成为保护地球的重要卫士。

臭氧层存在于离地面 15 ～ 50 千米处的大气平流层中，在地球上空形成一把巨大的保护伞，起到了过滤太阳光的作用。世界上的一切生物都离不开太阳光，但太阳光中也有不好的成分。太阳光主要是由可见光、红外线和紫外线组成，可见光和红外线对地球有益，但是过量紫外线对人体和生物有害。过量的紫外线照射会使人和动物的免疫力下降，植物和微生物也会因为过量的紫外线照射而死亡。这时候，臭氧层就发挥作用了，它能够将太阳光中 99% 的紫外线吸收掉，从而保护地球上的生物免受紫外线的侵害。

▼ 温室效应示意图

但是现在，这层地球的天然保护屏障正在不断地遭受损害。南北极上空的臭氧层都出现了空洞，这就使紫外线有机可乘。而造成这一后果的主要原因是人类的活动，人类在生产和生活中肆意向空气中排放大量的废气，致使臭氧层遭到破坏。废气主要包括汽车尾气、工业废气、超音速飞机排出的废气等。

臭氧层被破坏的程度不断加剧，南北极气候环境面临前所未有的危机。人类如果再不爱护我们赖以生存的地球母亲，后果将不堪设想。

乳白天空为何被称为“死亡天气”

1958 年，一名直升机驾驶员在南极埃尔斯沃思地突然遭遇乳白天空，霎时坠机身亡。

1971 年，一名驾驶“LC-130 大力神”运输机的美国飞行员在距离特雷阿德利埃 200 千米附近的地方，因遭遇乳白天空而坠机失踪。

这可怕的乳白天空“魔咒”到底是什么呢？

乳白天空是由南极的低温和冷空气的特殊作用而产生的一种危险的天气现象。据南极探险家描述，当出现这种天气现象时，天与地似乎融为一体，人的眼中满是牛奶般的乳白色，其他什么都看不到，如此一来，人们便会分不清天与地，分不清障碍和漏洞，仿佛进入到黏稠的牛奶里了。造成这种奇特现象的原因是这

▲ 南极极具破坏力的天气现象——乳白天空

样的：太阳光射到冰层上后又被反射到低空云层里，而低空云层里充满着等待降落的细小雪粒，小雪粒们好像一个个小镜子把光线分散开来，就这样，光线来来回回地反射，形成了乳白天空。说到底，乳白天空是一种幻境，是光线开的一个玩笑。

在高空遭遇乳白天空难逃一劫，在陆地遇到它也容易丧命，最好的办法是待在原地不动，在保暖的同时等待救援。

南极有地下湖吗

南极地下湖是大自然另一鬼斧神工的杰作。你一定对这神奇的存在充满好奇，南极的地下怎么可能有湖呢？可是大自然就是如此调皮，它最喜欢做的就是让人意想不到。地下湖是大自然纵容湖泊玩的捉迷藏。

地下湖又被称为“暗湖”，是深藏在地下天然洞穴里的水体。在南极冰天雪地的环境里，会不会有流动的水呢？20世纪60年代，苏联科学考察站有一个惊人的发现：在南极4000米厚的冰盖下，一个湖泊静静地涌动着。它的名字叫作“沃斯托克湖”，是一个庞大的、被隔绝1400万年的世界。沃斯托克湖平均深达500多米，面积15690平方千米。这么庞大的躯体隐藏在这么厚重的冰盖下，令人叹为观止。随着科学考察的深入，南极的地下湖不断展现，目前已经发现了150多个。它们被禁锢在南极冰盖下，虽然阳光无法与它们见面，生命却在这里出现。科学家们在这些湖里发现了数千种细菌，以及环节动物和甲壳类动物。

▼ 深藏于南极厚厚冰盖层之下的沃斯托克湖

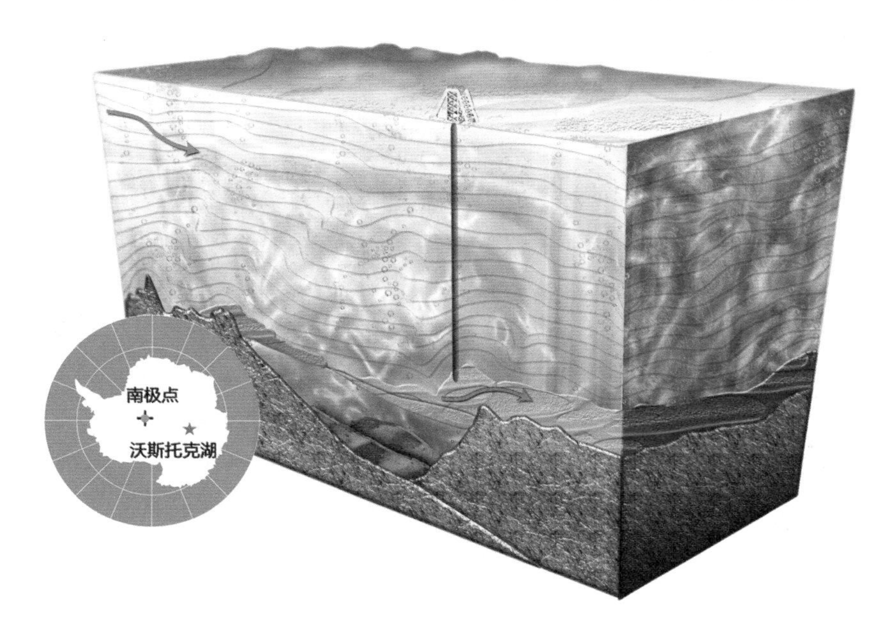

小贴士

这些南极的地下湖长期处于黑暗和寒冷之中，可能保存了大量史前地球信息，对于科学研究有着重要的价值。

南极的“不冻湖”是外星人的基地吗

在没有人类定居的南极，会不会有着不为人知的一面？比如，很多人怀疑：外星人是否看上了这荒凉的广大地域并驻扎下来了呢？

在南极的冰封世界，冰盖既厚又坚。但是范达湖卓然不群，被称为“不冻湖”。日本学者鸟居铁 1960 年在南极科学考察中，

▼ 范达湖及其岸边的科考站

到达位于罗斯岛东北方向的赖特谷，记录了“不冻湖”的探索情况。“不冻湖”表面有薄冰层，冰层下水温接近冰点。奇怪的是，越往深水处，水温越高，到 60 多米深的湖底，水温可以达到 25 摄氏度。类似的“不冻湖”还有很多。是什么原因造成“不冻湖”如此反常？

有人猜测可能在“不冻湖”湖底下存在着由外星人建造的 UFO 基地，因为散发热能导致坚冰融化，从而形成“不冻湖”。当然，这只是猜测，真相仍然不明，科学家们尚未给出可信的定论。

目前，关于南极存在外星人的报道大多是传闻。南极还从来没有外星人或清晰的 UFO 身影出现在大众视野中。我们不能肯定南极有外星人，也没有办法断定南极没有外星人。南极是否有外星人，只能留待进一步的科学考察和研究给出答案。

南极也有“绿洲”

1974 年 2 月，一架美国飞机在南印度洋沿岸的南极大陆上空飞行，突然在一片雪白中发现了异常的身影，领航员班戈把这个被高高的冰墙围绕的山谷叫作“班戈绿洲”。在这里，土地上没有积雪，湖泊没有结冰，孕育着无限的生机。

极地的绿洲并不是指有树木花草郁郁葱葱生长的地方，而是极地探险家习惯了冰天雪地的环境后，偶见没有冰雪覆盖的地

▲ 南极东部的绿洲

方，才将它们称为绿洲。班戈绿洲总面积约 500 平方千米，常年的暴风把地面的岩石雕琢得像蜂窝煤。绿洲中多沙丘，沙丘与沙丘之间的洼地有的干涸着，有的积水成湖。深湖清澈且盐分少，浅湖多泛出浅绿色或褐绿色的光泽，且含较多的盐分；干燥的丘地和斜坡上结着一层白色的盐霜，像下了小雪一样。

南极的绿洲还有麦克默多绿洲和南极半岛绿洲。这些无冰区均处在火山活动区，赤褐色的火成岩大量分布，成就了在南极不结冰的神话。南极绿洲约占南极洲面积的 5%，在靠近海岸的相对较低的纬度上，绿洲上多分布着干谷、火山、山峰和湖泊。

为什么南极被称为“风暴王国”

有一次，法国的南极观测站测到了100米/秒的大风，这是目前人类监测到的风力最大的风，其风速是12级台风的3倍，破坏力更在它的10倍以上，一栋加固的房屋瞬间就会被吹得凌乱不堪，我们走在南极的冰面上也会被它当玩具一样吹来吹去。南极的风拥有如此大的力量，却好像并无用武之地，倒是吓退了人类在此生存的决心。

▼ 南极风暴

南极平均风速为 17.8 米 / 秒，沿海地面风速常达 45 米 / 秒，是世界上风力最强和最多风的地区，这是它被称为“风暴王国”最强有力的证据。可是为什么南极的风会这么大呢？让我们一起去寻找答案。

我们都知道热胀冷缩的原理，空气也是会热胀冷缩的，空气遇热胀大，密度减小，压强降低。同理，空气遇冷缩紧，密度加大，压强升高，由此形成了冷高压和热低压。南极的极冷形成了极地冷高压，而在南纬 60 度附近有一个低压带，空气就由高压流向低压形成大风。帮助它的还有南极特别的地理环境——地势平坦开阔，没有大山和森林的阻隔，风儿更加无拘无束。

南极为什么会被称为“白色沙漠”

一提到沙漠，浮现在我们脑海里的是一幅这样的画面：炽热的大太阳烘烤着一望无际的沙地，阵阵驼铃渐行渐远，干渴笼罩着每一寸土地。南极这个冰天雪地的世界怎么和沙漠沾上边了呢？

南极某些特征与沙漠类似。别看南极冰天雪地，好像水分充足的样子，其实它是一个水资源严重匮乏的地方。巨大的冰盖几乎不融化，冰川在严寒中无休无止地堆积。而且，南极的降水又少得可怜，大部分地区的年平均降水量为 55 毫米，降水量最少的地方不足 5 毫米，这一点与撒哈拉沙漠极为相似。此外，我们

▲“白色沙漠”般的南极

知道南极的土壤中养分是极少的，再加上水分的匮乏，植物们就更加不喜欢这个地方了，这一点也同沙漠类似——植被稀少。

看，南极一点儿都不愧对“沙漠”的头衔。这片冰天雪地的白色世界因而被人形象地称为“白色沙漠”。

蓝色的冰是怎么形成的

蓝冰这个名字很漂亮，我们可以想象这种冰的样子——蓝蓝的，像水晶一般散发着光亮，冰凉的躯体体现着个性。好奇心强的你一定不满足于仅仅知道这些吧，小脑瓜里还会思考这样的问题：蓝冰是怎么形成的？蓝冰为什么是蓝色的呢？

蓝冰是远古时期的冰川冰，是雪冰的一种。它的形成同其他雪冰一样，有一个由雪到冰的过程。其实它在形成初期是乳白色的，经历了漫长岁月的磨炼，冰与冰之间进一步挤压，这些冰就变得更加紧密坚硬，里面的空气不断被排出，冰川冰更加晶莹剔透。

接下来，就是光的散射起作用了。蓝色光波较短，无法穿透冰层，就会产生散射，使冰看上去呈现蓝色。这和天空、大海呈蓝色是一样的道理。

小贴士

什么是雪冰

雪冰，顾名思义，是由雪转化成的冰，为了区别于普通的由水结成的冰而取名为雪冰。这种冰只有在高山、高原和极地才有。雪冰会形成三种颜色的冰——蓝冰、绿冰和墨冰。另外，还有一些特殊情况下形成的雪冰，即一层一层由雪和冰层叠形成的“三明治冰”，和由透明的球状冰构成的风化冰。

▼ 蓝色的冰

南极冰为什么会“唱歌”

在南极考察时，科研工作者们发现了一个奇妙的现象——南极冰竟然会“唱歌”。如果把一小块南极冰放入一杯水中，冰块在融化的同时会发出轻微的类似乐器发出的美妙响声，并且它们还会跑来跑去地“跳舞”，有时不小心跑过了头还会撞到杯子壁上呢！那么，这一奇妙的“冰唱歌”现象是怎么形成的呢？

▼ 冰在“唱歌”

所有这一切，还要从南极冰的形成说起。雪花在挤压成冰的过程中彼此间存在着无法挤压尽的气体，这些气体在长年累月的堆积冰的压迫下变成了高压的气体，高压气体分散在冰里的一个个小气泡中。当冰遇到水便开始融化，里面的高压气泡就会破开，并与水和空气发生碰撞，在发出美妙声响的同时，推动小冰块舞动身姿，甚至撞到杯子上。

小贴士

2002 年，科学家在南极洲记录地震信号时意外收到了清晰的声音信号，时起时伏的旋律像是一首歌。原来这声音来自一座冰山，而这声音就是冰山撞击海床发出的。

北极在哪里

与南极相对，北极在地球的另一端。北极是与南极一样的冰天雪地，还是与火焰山一样的滚滚火海？显然，寒冷是南北极共有的“招牌脾气”。北极海洋多而陆地少，中间为海洋，周围是陆地。北极的领域主要是以北冰洋为主的北极圈以内的所有区域，包括欧亚、北美大陆的北部，以及冰岛、格陵兰岛等岛屿，

▲ 被冰雪覆盖的北极

总面积为2100万平方千米。俯视状态下，北极的中心是冰封的北冰洋，极圈外围圈到了一些岛屿和一小部分陆地，其形状分布就像瘦弱的母鸡带着小鸡们在觅食。

冬季，北冰洋完全处于冰封状态，太阳离开北极的上空，万物沉睡。到了夏季，阳光回归并持续照耀，气温回升，北冰洋边缘开始融化，植物生长开花，动物从睡梦中醒来觅食，季节性动物到达这片地域生活。

自北极形成的千百万年以来，海水和生命不停地律动，甚至固态的海冰也会随着水文气象条件的变化不停地变动。这些都是神奇的大自然赋予北极的特点。

极光，天空中的“神秘舞者”

在遥远的极地，有一种神奇的光芒。它是如此的神秘和美丽，以至于很多人不远万里跋涉而至，只为亲眼见证奇迹的存在。这绚丽多姿的“舞者”究竟是什么呢？它就是极光。

极光是在地球高纬度地区上空出现的一种夺目的发光现象。只有见过极光，人们才能够理解瞬息万变的真正含义，这一秒明明还是鲜红的“波浪”，下一秒就变成了金黄的“薯片”。

极光不仅颜色各异，形状也不尽相同，科学研究按照其形态

▼ 极光

特征将极光分为五种：圆弧状的极光弧、飘带状的极光带、片朵状的极光片、帐幔状的极光幔和射线状的极光芒。除此之外，调皮的极光还喜欢随意地调节光的亮度，明暗交错、五颜六色、千姿百态是极光带给人类最深的感受。

极光的实质是地球周围产生的一种大规模放电的过程。来自太阳的高温带电粒子到达地球附近，地球的磁场迫使其中的一部分沿着磁场线集中到实力强大的极地。这些粒子进入极地时，与大气中的原子、分子发生碰撞产生光芒，由此便形成了极光。进入北极的叫“北极光”，进入南极的叫“南极光”，它们多出现在地球上空 90 ～ 130 千米处。

极光走进人类的视线至少已经 2000 年了，美丽的同时也带来许多麻烦。极光本身携带极大的能量，所产生的电流不仅会扰乱无线电和雷达的信号，还会使电力供应出现问题。

小贴士

北极光会“说话”吗

耀眼夺目的北极光出现时，常伴随着一种很神秘的声音，仿佛是北极光的喃喃低语。这种声音产生于距地面 70 米的半空中，有的像是含混不清的爆裂声，十分短暂；有的“噼噼啪啪”，像远处火把燃烧的声音；有的则非常温柔，需要屏住呼吸才能听到。相信不久的将来，我们会找出北极光声音产生的原因。

北极有四季吗

北极有一个“坏脾气”的北冰洋，还有一小片“受气”的陆地。在“冷酷”这一点上，与南极相比，北极显然是甘拜下风的。我们已经知道南北极的气候类型类似，那它们的季节划分是否一样呢?

实际上，北极是有春夏秋冬四季的，北极还是比南极要暖得多的。北极一年中 11 月至次年 4 月长达六个月的时间为冬季，太阳公公沉睡，整个海域完全冰封，地面上也覆盖着厚厚的积雪，动物不是逃离就是沉睡。5 月～ 6 月，北极的春天来了，它像是一

▼ 北极夏季景观

头似醒非醒的怪兽在揉眼睛，大块的冰开始融化，太阳睁开眼睛看世界。7 月～ 8 月，北极的夏季来临了，气温开始上升到冰点以上，植物生长开花，海鸟飞到这里觅食，北极熊等动物走出巢穴。8 月是北极的最暖月，这个时期的最高温度可达到零度以上。到了 9 月～ 10 月，北极便开始疲倦了，边打着哈欠边走向沉睡的路。在北极的科学考察当然要比在南极容易，就寒冷的煎熬程度来说，北极的夏季是相当仁慈的，这也是北极先被发现的原因。

为什么北极最冷的地方不在极点

自有记录以来，北极点的最低气温是零下 59.9 摄氏度，但

▼ 西伯利亚奥伊米亚康地区的冬季

有记录以来，北极地区最低气温是零下 71.2 摄氏度，这个数值是在西伯利亚奥伊米亚康地区测得的。按理说，越靠近极点温度越低，而北极最低温却出现在北极圈附近，这是什么原因呢？

北极点被北冰洋环绕，水的热容量大，降温幅度小。再加上北大西洋暖流在外推波助澜，这里的寒冷势力一步步被削弱。而奥伊米亚康地处高纬度地带，又位于盆地当中，温暖的海风、洋流无法顾及，东、西、南面被切尔斯基山脉和上扬斯克山脉包围，只有北面向北冰洋开放，冷空气长驱直入并在盆地里积聚，造成了它无法改变的寒冷局面。

在如此寒冷的地区，雅库特人却生存了下来。他们形成了自己的生存规则，并一直延续至今。

北极“绿洲”——苔原

苔原主要指北极圈以内及温带、寒温带的高山林线以上的一种以苔藓、地衣、多年生草类和耐寒小灌木构成的植被带，也称冻原。北极苔原就是北极圈以内的苔原。确切地说，北极苔原是北冰洋海岸与泰加林带之间广阔的冻土沼泽带，总面积达 1300 万平方千米。

苔原气候属荒漠气候，年降水量仅 200 毫米。在北极苔原冻土厚达 488 米的生态系统中，食物链的底端主要是地衣，其他生物直接或间接靠它维系生命。仅在夏季融化的上层冻土不足 50

▲ 北极苔原湿地

厘米深，且缺乏氧气和营养，这导致苔原上植物稀少且多矮小，但还是有爬地柳和黑鱼鳞松御风生长，连山酸模和冰山笆茛也凌冰盛开。夏季的苔原还密布着湖泊和沼泽，水草也算丰美，有水鸟降临，也有许多其他动物。但是到了北极的冬季，冻土完全冰封，苔原一片荒凉。

北极苔原可以称得上是北极的“绿洲”。灰熊、北极狐和北极狼喜欢栖息在苔原，它们在捕食弱小动物的同时，也食用一些植物均衡营养。

有研究指出，苔原冻土带融化也将加速全球变暖。因其封存的碳是大气中碳含量的两倍，一旦融化将极大地增加空气中二氧化碳的含量。

北极苔原这个独特的植被带在世界气候中发挥着重要的作用，破坏它也会间接地危害人类生存。

第二章

生命禁区的生存智慧

冰天雪地的南北极和地球的其他地方一样，有着独特的生态系统。那么这两个神奇的地域里到底生活着什么生物呢？那里有没有“嗡嗡”叫着的昆虫？有没有遍地盛开的花朵？企鹅和北极熊是否像传说中一样生活着？我们的疑问都可以在接下来的探索里寻找到答案。

南极有能开花的植物吗

在神奇南极的陆地上有盛开的花朵吗？

南极植物少但种类多，目前，植物学家考察并发现了 850 多种植物。其多是低等植物，包括 350 多种地衣、370 多种苔藓和 130 多种藻类，仅有 3 种开花植物属高等植物。地球上开花植物在南半球的生长界限是南纬 64 度，南极半岛的北端和一些岛屿刚好越过了这条线，开花植物得以在这些地方存在。3 种开花植物均是草本植物：一种是垫状草，另外两种都是发草属植物。它

▼ 南极的开花植物——发草

们开不出玫瑰、牡丹那样艳丽的花朵，只有小穗状的简约小花，叶子也是狭长的。南极特殊的生态环境改变了这些植物的适应性，使它们能够在这样独特的环境里生长繁衍。尽管条件很艰苦，这些开花植物还是对南极不离不弃。

冰藻是如何形成的

南极冰底层和断面上有浅茶色甚至褐色层，经生物学家研究，发现了藏匿于海冰中的生物——冰藻。在海冰中存活的冰藻是如何生存的呢？

▼ 冰藻

海冰的冰晶间充满了空隙，肉眼不能观察的空隙却是微型藻类的好去处。冰藻靠吸收海水的营养盐和光能进行光合作用。由于海冰对光的反射和吸收，抵达冰藻的太阳光强度仅有正常的百分之一，但微弱的光照条件和冰点左右的低温还是造就了冰藻这种生物。

冰藻在南极固定冰区和浮冰区广泛存在。冬季，冰藻依赖微弱的光进行光合作用，制造有机物并储存在细胞里。冰藻的营养十分丰富，能量很高。这一点使它成为众多浮游动物喜欢的食物。到了夏季，海冰融化，冰藻便开始在海水中生活。夏天的冰藻分外活跃，它充分利用短暂夏天带来的充沛阳光迅速生长繁殖，碧蓝的大海会因为它变成绿棕色。并且，冰藻对紫外线辐射有着极强的吸收能力，从而保护了南大洋里的生物免受紫外线的侵害。

企鹅怎样在南极生存

可爱的企鹅选择生活在南极这片酷寒之地，是怎样战胜一切生存下来的呢?

企鹅具有独特的抗寒条件。它们体温恒定，又聪明地选择低代谢方式来适应低温。企鹅的羽毛也发挥着重要的作用，它身披的羽毛可以分为内外两层：一层御寒，一层保暖。而毛下的脂肪层不仅是御寒的武器，也是寒季中能量的主要来源。

企鹅是海洋鸟类的一种，短小的前肢和硕大的身体使它们不

▲ 在海洋里捕食的企鹅

能像其他鸟类一样飞翔，却促成了它们善于游泳的特质。别看它们在陆地上行走时行动笨拙，一下水它们便变身为游泳健将。成年企鹅的游泳时速达 20 ～ 30 千米，连速度快的捕鲸船和万吨巨轮都不是它们的对手。这项技能使企鹅能够在海洋里快速捕猎食物，包括磷虾、乌贼和小鱼等。

企鹅在不同的季节有着不同的任务。南极暖季时，企鹅们主要生活在海上，这时它们的主要任务是吃饱喝足，养精蓄锐。等到了 4 月份，南极进入初冬，企鹅们便爬上岸来着手“安家立业”的事情了。在找好对象、筑好巢之后，企鹅便开始了寒季的主要任务——繁殖后代。企鹅就是这样在南极生存的，一代一代，生生不息。

企鹅也有“幼儿园”吗

幼儿园是幼童们成长学习的地方，是人类社会发展到一定阶段的产物。看上去行动笨笨的企鹅怎么会有“幼儿园”呢？

事实上，聪明的企鹅确实有属于它们自己的“幼儿园”。很多到过南极的人都会看到这样一幕：几只大的帝企鹅周围围着很多的小企鹅。这便是企鹅们的“幼儿园”了。小企鹅孵化出

▼ 企鹅幼崽和它们的看护者

来 1 个月后，已经能独立行走玩耍。小企鹅们的父母想要给它们更多的营养，就要寻找更多的食物。小企鹅们需要更快、更好地成长，学会自立，企鹅团队里就会挑出几个大企鹅看管这些小企鹅，组成有模有样的企鹅“幼儿园”。

有时，调皮捣蛋的小企鹅会脱离队伍，大企鹅就会略施惩戒让它归队。有时，“幼儿园”会遭到贼鸥的袭击，大企鹅们便负责发出警报，招呼附近的企鹅加入抵抗的队伍。一天的看护结束后，小企鹅们会非常耐心地等待它们的父母归来。企鹅爸爸妈妈总能准确无误地在一大群小企鹅中找出自己的孩子。企鹅爸爸妈妈们能从一大群长相差不多的小企鹅中迅速地找到自己的孩子，依靠的法宝就是小企鹅的叫声。

小企鹅 3 个月左右就要离开父母开始独立生活，这意味着它们的“幼儿园”生活从此就结束了。

南极有昆虫吗

南极地区有昆虫吗？

南极地区生存的昆虫达 150 多种，其中多为海鸟和海兽身上的寄生虫，名副其实的南极昆虫只有 50 多种。为了能在极地生存，这些昆虫身体的颜色通常都比较深，这样更利于它们的身体吸收热量。南极的暖季是没有黑夜的，阳光 24 小时照耀在昆虫深色的身体上，让它们尽情地吸收热量。而一到冬季，这些小生命就冬眠了。

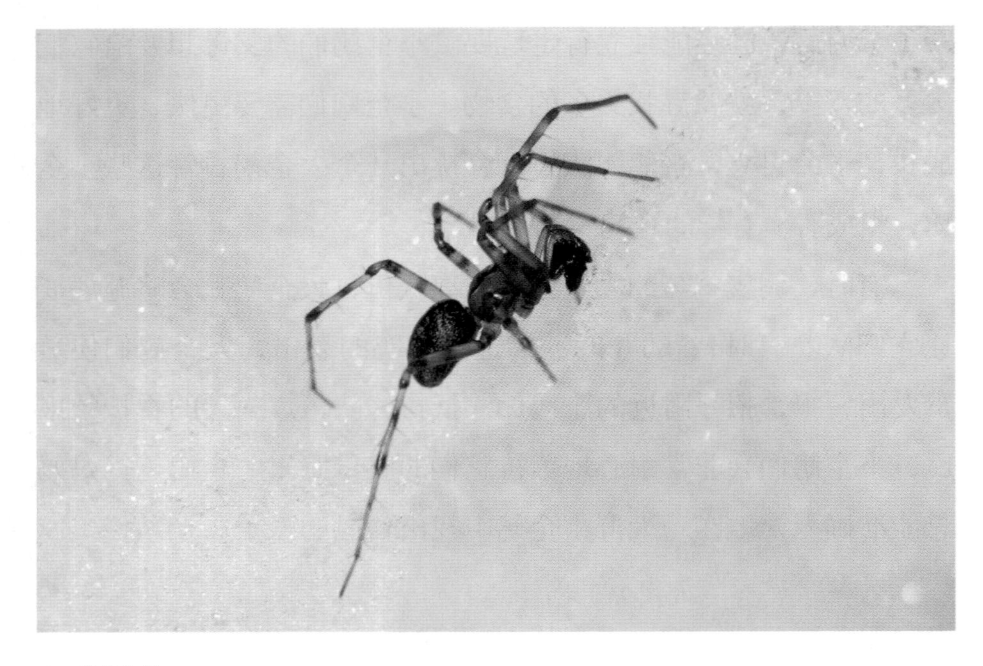

▲ 南极蜘蛛

无翅南极蝇是南极最大的昆虫，体长 2.5 ～ 3 毫米，以苔藓和地衣为食。尖尾虫在南极分布很广，和扁虱一样与苔藓一起生活，以藻类为食。蜘蛛是南极地区的“土著居民”，主要靠捕食其他小昆虫为生。除了这些陆地昆虫外，南极的淡水池塘、浅滩、沼地、溪流和湖泊中还有一些水生昆虫，包括种类稀少的甲壳类动物，如扁虫、水蚤，以及以苔藓和藻类为食的红棕色缓步类动物。

为了抵抗严寒，南极昆虫一年中大部分时间都在冬眠。为了繁衍生息，它们一苏醒过来就开始紧张地交配繁殖。这些都是它们能在南极长期生存的原因。

南极为什么禁狗

1991 年，南极条约组织在西班牙马德里发布了南极禁狗令：狗不宜进入南极大陆和冰架，南极区域所有的狗都要在 1994 年 4 月前离开。禁令颁布之后，南极科考队员只得遵照执行并送走了爱犬，与自己的伙伴依依惜别。从此，到达南极的科考队再无狗的陪伴，南极大陆成为世界上唯一没有狗的地方。那么，南极为什么要禁狗呢?

在南极的发现与研究过程中，狗称得上是一个“功臣”。在轮船等先进的代步工具无法在冰上活动时，狗狗们责无旁贷地担起了通行的责任，灵活地拉起雪橇以代替人类缓慢的步伐。慢

▼ 南极探险中使用的狗拉雪橇

慢地，随着机械化水平的大幅度提升，狗的作用便不再举足轻重了。代步的功能消失后，到达南极的狗就只剩下了宠物的作用。

南极本来没有狗的环境，也随着狗的进入遇到了一系列麻烦。南极动物们可能会感染狗携带的病菌，不具备抗体的它们可能会灭亡。狗排出的粪便也没有微生物消解，会造成一定程度的环境污染，而且还会破坏南极已经形成的食物链结构。出于各个方面的考虑，于是南极禁狗。

北极熊如何生存

因为看起来通体白毛，北极熊又被称为“白熊”。别看北极熊憨态可掬，它可是世界上最大的陆地食肉动物，在北极位于食物链的顶端。北极熊是怎样在北极生存的呢？

首先要说的就是它独特的抗寒能力。北极熊的毛像是一根根中空的小管子，只允许紫外线通过，帮助北极熊更好地收集热量；而毛下的黑色皮肤又帮助它们储存热量，且黑皮肤下厚厚的脂肪层是热量的又一把“保护伞”。在这样重重的保护下，北极熊在寒冷的北极就可以活动自如了。

北极熊是危险的食肉动物，嗅觉灵敏和擅长游泳能够帮助它们更好地捕猎。北极熊的主食是海豹，有时也捕猎海象、白鲸、鱼类等，到了夏季万物生长的时节，北极熊还会吃一些浆果或者植物的草茎来补充营养呢！北极可饮用的水是非常稀少的，为了适应这种状况，北极熊选择饮用动物的血液来代替进水。在冬季，北极熊会连续好久捕不到猎物，这时候它们会选择以冬眠的方式来减少热量的消耗。

北极熊的恋爱、交配的季节通常在美丽的春天。它们的幼崽会在早冬出生，体重一般是 600 ～ 700 克，然后幼崽们会和妈妈一起冬眠，靠母亲的乳汁来获取营养，直到来年春暖花开的时节才出来活动。这时它们通常已经是体重 10 ～ 15 千克的大熊崽了。

就这样，北极熊在北极这片土地上扎下了根。生命的延续就是这样神奇！每个物种都有其自身的繁衍规律和适应这个世界的能力。

▼ 北极熊

极地海豹怎么生存

海豹主要生存在寒冷的两极海域，在我们的印象中，它们是会顶小球玩耍的可爱动物，那么怎样抵御严寒在南北极生存的呢？这并不是一个谜。

海豹不像企鹅和北极熊那样大多生活在陆地上，它们一生的大部分时间都在海里度过。海里虽然没有陆地寒冷，但还是需要一定的御寒能力。海豹最重要的御寒工具是厚厚的皮下脂肪，短短的毛发好像只是为了装点光秃秃的皮肤。海豹只有在脱毛和繁

▼ 极地海豹

殖的时候才到陆地或者冰块上生活。在水中畅行无阻的流线型身躯到了陆地上反而笨拙，这使得海豹只能将身体弯曲起来爬行前进，像一只硕大的蚯蚓。

海豹游泳本领很强，时速可达27千米；在潜水方面也深有造诣，一般海豹都能深潜100米左右，南极威德尔海豹更能潜600多米深，这些本事让它们在水中行动起来游刃有余。海豹主要捕食鱼类和头足类，偶尔吃一点儿甲壳类。它们是名副其实的“大胃王”，一般一顿就可以吃7～8千克鱼。

海豹选择在陆上进行繁殖。企鹅像鸡一样是蛋生，海豹则像猫咪一样是胎生。它们一般以家庭为单位生活在一起，与海象、海狮还是近亲呢！

为何在北极看不到企鹅

众所周知，企鹅主要生存在南极，在同样是极地的北极却不曾看到它们的身影。

其实，在很久以前，北极地区有过一种北极大企鹅——大海雀。这种“穿着晚礼服的绅士”身高可达60厘米，有棕色的头部、黑色的背部羽毛和白白的肚皮。它们曾遍布北极，多达几百万只。但是，北欧海盗大约在1000年前率先发现了它们，它们的厄运便随之降临了。随着北极探险热的兴起，北极大企鹅成了探险家、海盗、航海者和土著居民竞相捕杀的对象。长达几世

▲ 已经灭绝的北极大企鹅——大海雀（复原图）

纪的残酷屠杀，最终导致了大海雀灭绝的命运。

地球上 20 多种企鹅都分布在南半球，为什么它们不能来到北半球呢？可能是因为企鹅们无法忍受赤道的暖水。企鹅适宜生存的环境在零摄氏度以下，赤道温暖的水流和极高的温度形成了一道不可逾越的鸿沟，把企鹅阻挡在南半球。

极地鳕鱼为什么不怕冷

鳕鱼在南北极都有分布，这种看起来与普通鱼类无异的鱼是怎样抵挡极地严寒的呢？

鳕鱼属于中小型鱼类，最大体长可达 36 厘米，大嘴嵌在大头上，配有细长的身体，体色多种多样。鳕鱼是典型的冷水性鱼类，所处的水温不能超过 5 摄氏度，这一特性使它们出现并生活在极地的海域。北极鳕鱼主要生存于巴伦支海的结冰区边缘，南极鳕鱼则游弋于边缘海域，主要捕食一些浮游生物和小型鱼类。

北极鳕鱼分布的地方位于寒暖流交汇处，而且它们只在北极暖季的时候出现，极夜来临之前便已经游离。所以，北极鳕鱼并不需要太大的抗寒能力，肌肤表面和皮下脂肪足以对付低温。

南极鳕鱼是世界上最不怕冷的鱼，它们在零下几十摄氏度的浮冰下面依旧自由自在地觅食，为什么它们可以做到这一点呢？原来，就像冬天给汽油里加的防冻剂一样，这种鱼的血液中含有糖肌，让它们在冰冷的水里不至于僵硬。

▼ 北极鳕鱼

海鸟在极地如何生存

平静的海洋共长天一色，飞来飞去的海鸟偶尔鸣叫着，这是一幅多么和谐的画面。如果把这些顽皮的海鸟移到冰雪极地，它们会怎么生存呢？

每年，成千上万的海鸟迁徙到南北极生活，来自白令海峡的北极鸥、来自俄罗斯的罗斯氏鸥和来自加拿大的小雪雁等都飞向北极地区，而信天翁、海鸥和蓝眼鸬鹚等海鸟则成群结队飞往南极。

较低的气温使海鸟必须补充大量的食物来供给自身的能量需求。在北极，丰富的鱼类和浮游生物为海鸟提供大量的食物来源，使它们可以放心地繁衍下一代。而在南极，丰富的磷虾资源不仅给了企鹅和雪海燕定居下来的理由，还给了海鸟迁徙至此的最佳回报。

对迁徙到极地的海鸟来说，低温寒冷的环境对它们的影响并不大，它们只需要吃饱喝足，保证足够的能量供应便可自由活动。另外，极地海鸟颜色多为白色，使它们隐藏在极地冰雪里不容易被天敌发现。

充足的食物和周全的自我保护是海鸟能在极地生存下来的两大条件，缺少其中的一个将不存在极地海鸟群。

极地有人居住吗

南极大陆是世界上唯一没有人类居住的大陆，常年零下几十摄氏度的环境和时常肆虐的 12 级以上的暴风雪，导致这片荒凉的土地上仅有少量低等植物和耐寒动物存活。与北极陆地在极圈边缘不同的是，南极陆地位于极点周围，加上南极极高的海拔，生命存活的概率就大大降低了。

“爱斯基摩”在印第安语中是“吃生肉的人”的意思，因此他们并不喜欢这个名字，他们一般都自称“因纽特人”。因纽特人属于东部亚洲民族，据说他们的祖先来自如今的中国北方一带。据推测，他们大约是在一万年前从亚洲渡过白令海峡或者冰封的海峡路桥到达美洲的，但因遭到印第安人的追杀，因纽特人一路逃亡躲进北极圈以内生活至今。其居住地域从亚洲东海岸一直向东延伸到拉布拉多半岛和格陵兰岛。

作为北极的土著居民，因纽特人在北极生活了 4000 多年。因纽特人大都个子不高、黄皮肤、黑头发，容貌特征与蒙古人相当接近，但研究证明，他们更接近中国西藏人。

因纽特人被迫来到北极却奇迹般地存活了下来，长时间的生命抗战让世人叹服。

第三章

地球的鼻祖——火山

火山安静时，就像听话的孩子。一旦喷发，火光四射，灼热的岩浆喷涌而出，四散开来，如同“火神”发怒一般！火山分很多种类，活火山、死火山都是根据它们的活动程度来划分的。还有很多奇奇怪怪的火山。你见过向外喷冰的冰火山吗？泥火山是喷泥巴的火山吗？让我们一起认识它们，开启神秘的火山之旅吧！

什么是火山

你有没有亲眼见过火山？烟雾瞬间腾空而起，向四周弥漫开来，连太阳的光辉都被遮挡，这是活火山喷发时的壮观景象。不过，也有一些火山很长一段时期都没有任何反应，这样的火山是死火山或者休眠火山。那么，到底什么是火山呢？

地球的地壳之下 100 ~ 150 千米处，有一个“液态区”。这个液态区内充满着岩浆，一旦岩浆从地壳薄弱的地段冲出地表，就形成了火山。火山的形成有三个基本要素：第一，有岩浆；第二，岩浆喷出地表；第三，在地表形成地质体。当然，一些正在喷发或者会再次喷发的火山被称为“活火山”。还有一些火山在史前曾

▼ 火山爆发

经喷发过，现在已经丧失了喷发的能力，这一类是“死火山”。而长期以来一直静止，但是还有喷发能力的火山则是“休眠火山”。

假如地球是个生命体，那么岩浆就是它的血液，火山就是它的鼻孔。

火山是怎样形成的

火山就像是地球的“鼻孔”，地球需要呼吸，有时难免会有“血液”从“鼻孔”中喷出，你们知道这个“鼻孔”是怎么形成的吗?

我们都知道，地表之下，越深的地方温度就越高，地心的温度是极其高的。地表之下30多千米处的高温足以使岩石熔化。这些岩石熔化时，就会膨胀，会需要更大的空间，此时，一些地区的地表就会相应地隆起，形成山脉。逐渐隆起的山脉底下的空间压力变小，有可能形成储存大量岩浆的岩浆库。岩浆顺着裂缝逐渐上升，当岩浆库里的压力大于地表岩石的压力时，大量的岩浆就会向上喷发，这样，一座富有生命力的火山就形成啦!

这样看来，火山是不是很像地球的“鼻孔”呢?岩浆就是地球的血液，从鼻孔中喷发而出。火山的形成是日积月累的结果，而且也是有一定条件的。火山的喷发正是地球顽强生命力的体现，是地球充满活力的象征。

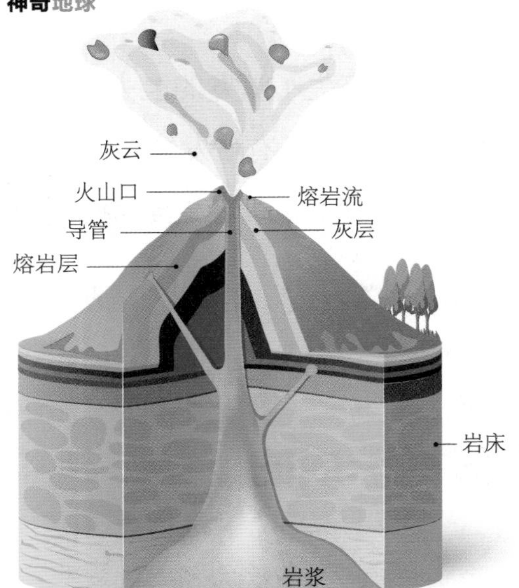

▶ 火山爆发示意图

火山的喷发类型

火山喷发有很多种类型，具有代表性的有夏威夷式、伏尔坎宁式、斯通博利式和培雷式等。

夏威夷式喷发一般会形成“熔岩河”，许多裂隙都成为熔岩的通道，熔岩从这些通道中溢出，喷发之后会形成熔岩穹丘。

伏尔坎宁式喷发以意大利的伏尔坎宁火山为代表，喷发十分强烈，喷出的熔岩黏度很大！

斯通博利式喷发以意大利的斯通博利火山为典型，炽热的熔岩“喷泉”成为它的显著特征，喷发时还会伴随着白色的蒸汽云，熔岩的黏性比夏威夷式要强。

培雷式喷发以西印度洋马提尼克岛的培雷火山为蓝本，岩浆黏度高，喷炸特别强烈。火山碎屑流会随着岩浆一起喷涌而出，这是一种温度十分高的气体，夹杂着大量的碎屑和岩石，产生的破坏力比台风更强！

随着时间的推移，火山喷发又增加了一些形式，如普林尼式和冰岛式。普林尼式喷发是目前已知的最猛烈的喷发类型，它有两个明显的特点，一是会有十分强烈的气体喷发，产生数十千米高的烟柱；二是会生成大量浮石。冰岛式喷发的火山一般位于浅海中。冰岛式火山喷发又称“裂隙式喷发”，这种喷发温和而宁静，岩浆沿地壳中的断裂带溢出地表。

小贴士

一座火山并不一定只有一种喷发形式，有可能是几种喷发形式并存的。

火山喷发出来的是火吗

整个火山是个庞大的“组织”，从地下岩浆的储备到喷发，每个过程都有特定的形成物或者通道。你了解火山的构成吗？

火山由三部分组成，即火山口、火山锥和岩浆通道。火山口，顾名思义，就是火山喷发时的出口。火山顶上圆圆的、看起来像只“碗”的洼地就是火山口，它在希腊文中的意思就是“碗”。不过，用“漏斗”来形容它似乎更合适。这个“漏斗”和一条长长的岩浆通道连接在一起，火山喷发时，岩浆便经由岩浆通道从“漏斗”处冲了出来。

火山喷出物在喷出口周围堆积形成的山丘是火山锥。由于喷出物的性质、数量以及喷发方式都不同，所以火山锥具有很多种形态，而圆锥状则是最标准的火山锥形态。

岩浆从岩浆库穿过地下岩层经火山口喷出地表的通道是岩浆通道，有时，人们也会更贴切地叫它“火山喉管”。岩浆通道的形状有很多，这与火山喷发的类型有关。

火山喷出物包括火山气体、固体的岩石碎屑和熔岩。一般情况下，会出现三种情况：火山喷发猛烈时，会产生很多碎屑，并有很少的熔岩流出；火山喷发温和时，有很多熔岩流出，碎屑会比较少；火山喷发只喷出气体，没有熔岩流出。火山喷发通常三种情况都有，或者兼有其中两种。当然，除了这些，还会有很多，例如火山弹、熔岩饼、火山砾、火山渣等。

泥火山会喷出泥巴吗

有一种很奇特的火山叫作“泥火山”，你知道什么是泥火山吗？顾名思义就是由泥构成的火山。泥火山的“泥”来源于它的组成物质，主要是黏土、岩屑、盐粉等。说它是火山，它却又不像人们通常说的火山那样喷发出的是岩浆且有岩浆通道。泥火山是由泥浆构成的，没有岩浆通道。不过，泥火山也有普通火山的特点，例如形状像山、有喷出口、有喷发冒火现象等。泥火山是泥浆与气体同时喷出地面后，泥浆堆积而成的，外形多是盆穴状或锥状，顶部有凹陷。

泥火山喷出的气体中甲烷约占 20%，还有少量的二氧化碳或氮。但是中国台湾嘉义中仑的泥火山比较特别，它喷发的气体以二氧化碳为主，而非甲烷。在板块边缘经常出现泥火山。泥火山也有可能是天然气喷出后形成的产物，所以可以据此寻找油气田。

现在明白了吧，泥火山基本上是由泥构成的，喷出的都是泥浆和各种气体，它与普通的火山有着很大的差别！

▼ 美国黄石公园的泥火山

活火山是正在喷火的山吗

活火山是不是像字面理解的那样，意为正在喷发的火山呢？

在词典里，活火山是指现在依旧活跃的火山，也就是正在喷发或者周期性喷发的火山。通常，只有活火山才会喷发。正在喷发和预计将要再次喷发的火山，可以称为活火山。那些将来可能再次喷发的休眠火山也可称为活火山。

当火山下面仍然存在活动的岩浆系统或岩浆库时，它就是座具有喷发危险性的活火山，应该放在火山监测系统中密切监视。

当然，对于一座火山是否是活火山，并没有一个明确的标准来判定，尤其有些火山的活动周期可能长达数百万年，所以人类记载中的火山活动对于火山种类的判断意义不大。

现今，许多活火山正处于活动的旺盛时期。21 世纪以来，印度尼西亚爪哇岛上的默拉皮火山，平均每隔两三年就会有一个持续的喷发期。2018 年，夏威夷的基拉韦厄火山大规模喷发。中国的活火山活动以台湾岛大屯火山群的主峰七星山最为出名。就中国大陆范围内来说，新疆于田的卡尔达西火山群在 1995 年有过火山喷发的记录。

小贴士

世界上最大的活火山在哪里

目前世界上最大的活火山是夏威夷岛上的冒纳罗亚火山，火山的底部在海平面以下几千米处。1959 年 11 月，冒纳罗亚火山持续喷发一个月，喷出的岩浆比纽约的帝国大厦还要高！

夏威夷当地居民中流传着这样的说法：火神佩莉被姐姐海神赶走后，就把夏威夷火山当成了自己的家。而我们看到的火山喷发，据说就是火神佩莉突然发脾气的表现。

▼ 正在喷发的夏威夷冒纳罗亚火山

你知道冰火山吗

地球上有火山，太阳系里的其他星球上也有火山。但在太阳系里，除了这些能喷出炽热熔浆的火山外，还有能喷出冰水的冰火山呢！

我们的地球主要是由岩石和重金属组成的天体。在太阳系中，这样的天体还有金星、火星、木星、水星、土星等。而太阳系中还有一些其他的天体，如天王星、海王星、冥王星等，它们则主要是由冰物质构成的。

▼ 正在喷发的冰火山（电脑制作图）

由于这些天体距离太阳太远，它们得不到太阳热量的眷顾，因此它们的表面往往覆盖着厚厚的冰质外壳。这些冰壳就相当于我们地球表面的岩石圈，可以称它们为“地壳冰层”。

与地球上的地下岩浆产生的原因一样，这些天体的冰壳下并不显得那么平静。内部放射性元素衰变产生热能的聚集，或者潮汐的摩擦产生热量，以及其他我们不了解的原因会致使天体深处的冰层融化。如果上部的冰层破裂了，这时，这些星球深处融化的冰水就会像地球内部的岩浆一样，在强大压力的挤迫下，沿裂缝喷发出来，唯一不同的就是喷出的物质是冰！这便形成了奇特的冰火山。

海里也有火山吗

火山不只存在于陆地上，海里也有火山。

海底火山是位于大洋底部或浅水的火山，也有死火山和活火山之分。海底火山分布相当广泛，火山喷发出的熔岩通常会被海水急速冷却，形状如同挤出的牙膏一般。不过，它虽然表面冷却，但内部却还保持着高温。海底火山分为三类，分别为边缘火山、洋盆火山和洋脊火山，它们在岩性、地理分布和成因上都有明显差异。绝大部分海底火山位于大洋中脊与大洋边缘的岛弧处。

海底火山喷发时，如果水较浅且水的压力不大，那就有可能产生非常壮观的爆炸。这种爆炸性的海底火山爆发时，会产生大量气体，主要是二氧化碳、水蒸气和一些挥发性物质，以及大量火山碎屑和炽热的熔岩。它们抛射到空中后，冷凝为火山灰、火山弹、火山碎屑。地中海就是一个鲜明的例子，它的火山岛就是借助海底火山喷发出的火山灰形成的。

小贴士

世界上最大的海底火山

世界上最大的海底火山是位于印度尼西亚苏拉威西岛的卡维奥巴拉特海底火山。卡维奥巴拉特海底火山的高度约为3500米，它默默地矗立在深达5400米的深海盆地上。

科学家们对卡维奥巴拉特海底火山周边的海水和深海物种进行了观测。科学家们分析发现，火山热液喷口喷涌出的海水中富含大量的矿物质；在拍摄的视频和照片中，科学家们看到了一些白色的海洋生物，如白色的海蟹，还有以火山热液喷口附近的绒毛状蓝白色细菌为食的白色龙虾。这些资料陆续被传送给地面的科学小组成员，用来分析辨别这些生物的类别。这些生物共有的白色也引起了科学家们的思考。

除了地球，其他星球上也有火山吗

如今，地球上已经发现了 2500 多座火山，火山是地球上特有的吗？其他星球上会不会有火山呢？

火山当然不是地球的特产，其他星球上也会有火山。火山在金星表面的形成过程中扮演了十分重要的角色，5 亿年前金星上剧烈的火山喷发形成了如今的地表形态。不过，现在金星上是否还有活跃着的活火山就不得而知了。火星上有许多大大小小、形态各异的火山，阿尔西亚山、奥林匹斯火山等都是科学家们的重

▼ 木卫一艾奥是太阳系中火山喷发最剧烈的星球（电脑制作图）

要研究对象。而木星的卫星木卫一艾奥则是太阳系中火山活动最剧烈的星球，它喷发的剧烈程度难以想象，足以改变艾奥自身的整个地形地貌。地球的好伙伴月球上并没有火山，不过科学家发现了许多火山活动的遗迹和特征，月海、月谷和拱丘等都能证明很久以前月球上曾经有过火山，但是现在却烟消云散。

金星、火星、木卫一艾奥等星体上都有火山的存在，虽然有的已是死火山，但曾经也为星球地貌的形成做出过贡献。火山并不是地球上特有的。

庞贝古城是怎么消失的

庞贝古城是亚平宁半岛西南角的一座历史悠久的古城，距离维苏威火山约10千米，始建于公元前6世纪，毁灭于公元79年。你知道庞贝古城是因为什么毁灭的吗？

1900多年前，庞贝是世界上非常富庶的城市之一，这里的人们享受着良好的民主政治，生活安康。

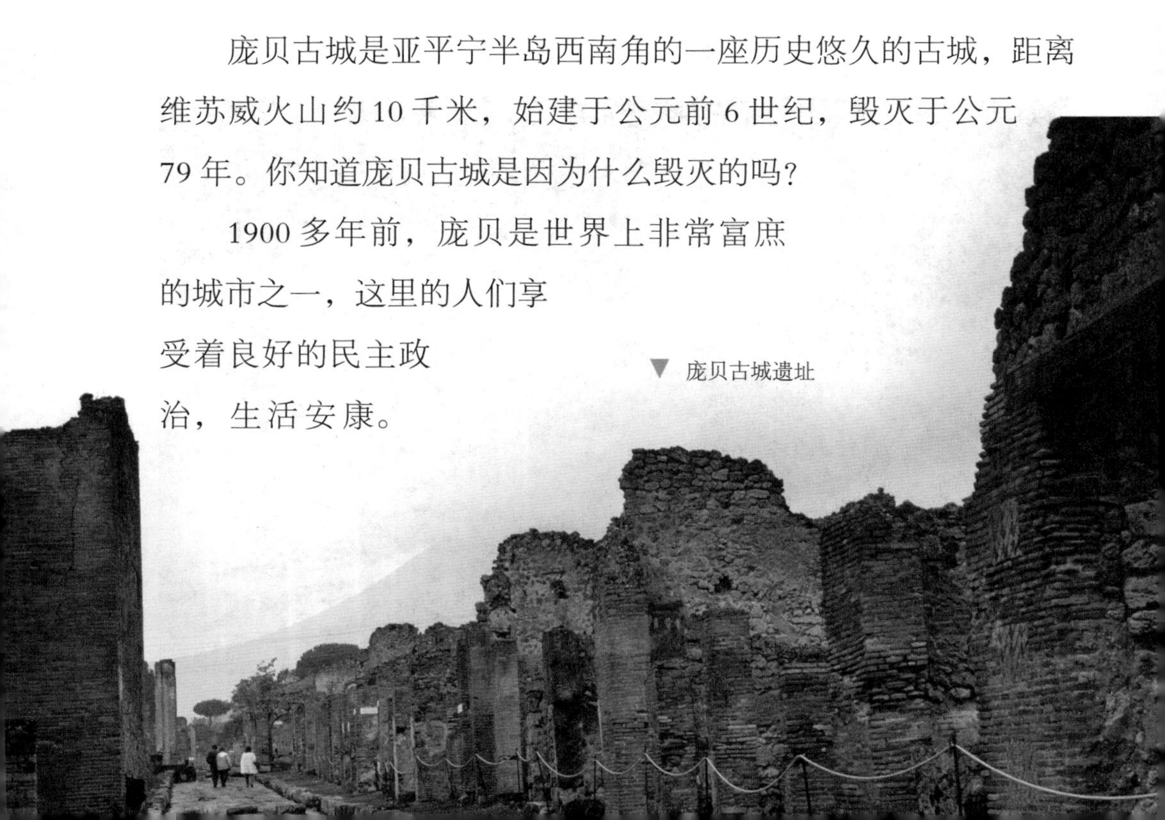

▼ 庞贝古城遗址

然而，庞贝城的劫难似乎是注定的。1900 多年前，维苏威火山的喷发结束了庞贝一世的繁华，而今天的我们，只能看到历史遗留下来的一幕。公元 79 年的一天中午，红红烈日，异常闷热，小动物也不安分起来。维苏威火山憋不住心中的燥热，开始喷发，一块块“云彩”从山顶升起，向天际蔓延，遮住阳光，笼罩大地。一声巨响之后，火热的岩浆从火山口喷涌而出，火山灰腾空千米，漆黑一团，分不清天地，火焰不间断地照亮大地，碎岩如同倾盆大雨般落下。一段时间后，一层层火山灰覆盖了整个庞贝城，刺鼻的硫黄气体几乎让人窒息。4 小时后，厚厚的覆盖物令房屋坍塌，人们被埋。从此之后，庞贝城在人们的视线中消失，原本繁华的城市就这样烟消云散。

庞贝城的人们怎么也没有预料到，这脚下厚厚的灰粉是远处维苏威火山的“馈赠”。积聚了几百年力量的火山一旦喷发，带来的是灭顶之灾！

恐龙灭绝是因为火山喷发吗

恐龙生活在 2.35 亿 ~ 6500 万年前，是当时地球上的“霸主”。但是，到了 6300 万年前的新生代第三纪古新世，几乎所有的恐龙都已灭绝。

火山喷发会喷射出大量的二氧化碳，使温室效应激增，大量植物死亡。释放出的大量盐素，会破坏臭氧层；同时，过多的

▲ 火山喷发可能是导致恐龙灭绝的原因（电脑制作图）

紫外线射入，造成生物灭亡。但恐龙的灭绝真的是因为火山喷发吗？意大利的物理学家安东尼奥 · 齐基基认为，很可能就是大规模的海底火山喷发，造成一代霸主恐龙灭绝。白垩纪末期，地球上发生了一系列大规模的火山喷发，海水的热平衡受到影响，进而引起陆地气候的变化，那些需要大量食物来维持生存的动物就会受到严重威胁，比如恐龙。

不过，并不是所有的人都认同这个说法，气候变迁说、物种争斗说、大陆漂移说、地磁变化说、陨石撞击说和酸雨说等多种观点也获得了不少人的支持。恐龙的灭绝到底是因为什么，真的是火山喷发吗？这一直是个谜！

火山和地震为什么形影不离

人们常说，火山和地震总是形影不离，到底是不是这样的呢？

火山和地震有一定的关联性，火山喷发有时会引起地震，但是震级、烈度都会有所不同。发生在火山附近的强烈地震有时也会引起火山喷发。

可以说，火山和地震一般情况下就像形影不离的伙伴。火山喷发时，由于受到热力作用或岩浆喷发的冲击力，也会形成火山地震。火山地震分为 A、B 两种类型：A 型火山地震发生在火山

▼ 火山喷发与地震经常形影不离

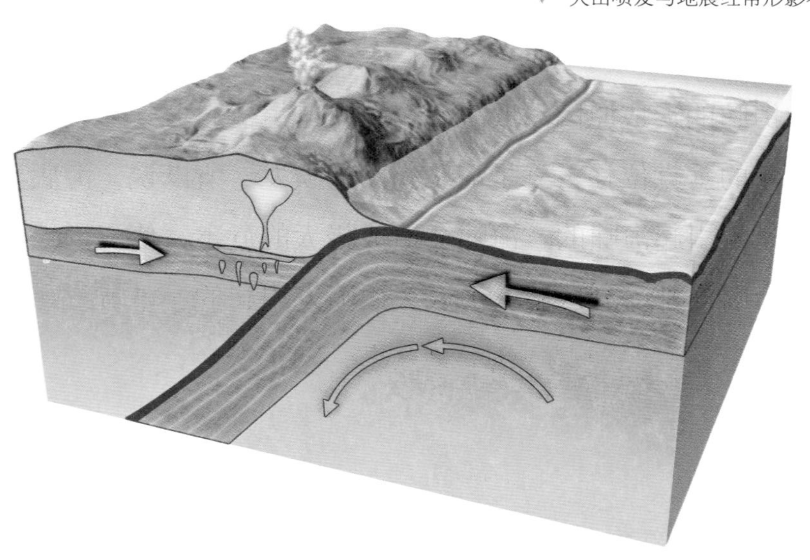

周围，震源深度为 1 ～ 10 千米；B 型火山地震发生在火山口附近的极小范围内，震源深度小于 1 千米。

同样，火山附近震级较大的地震也可能引起火山爆发。华盛顿卡耐基研究所的地球物理学家认为，7 级及以上的地震会引起强烈的震动，使得火山内的岩浆被充分搅动，并释放出二氧化碳。这种额外的二氧化碳会促使即将喷发的火山提前喷发！

地震和火山往往先后出现，所以，有较大震级的地震时，一定要采取措施，减小可能的火山喷发带来的危害。同样，火山喷发时，也应当注意预防地震来袭。

火山喷发会引起海啸吗

陆地上的火山喷发会引起地震，那么，海底火山喷发会引起海啸吗？

海啸的形成原因一般有三个：一是海沟斜坡崩塌；二是地震时海床的垂直位移；三是海底火山的喷发。所以说，海底火山的喷发是会引起海啸的。海啸会造成极大的危害，使海岸地区人们的生命财产都受到威胁。海底火山喷发引起的海啸中，水温升高一般不会超过 1 摄氏度，而且大量的海水侵入火山内部，很快火山就会被熄灭并且降温。

公元前 1500 年，地中海的锡拉岛海底火山喷发，产生了不可估量的危害，引起了有历史记录的第一场海啸。锡拉岛海底火山的喷发及引发的海啸造成的死亡人数永远是个谜，不过有地理证据表明，这次海啸淹没了克里特岛沿海地带！1883 年 8 月，印度尼西亚喀拉喀托火山喷发引发的海啸是人类历史上最严重的一次。这次火山喷发震耳欲聋，遥远的澳大利亚居民都能听见。由此引发的海啸，波浪高达 40 米！海啸掀起的海浪一直波及 7000 千米之外的阿拉伯半岛！

海啸

火山喷出一座岛，这可能吗

你知道北大西洋冰岛的苏尔特塞岛是怎么形成的吗？

苏尔特塞岛是由海底火山喷发而形成的！1963 年 11 月，北大西洋冰岛南部的一处海底火山突然喷发，数百米高的火山灰和水汽柱喷涌而出。一天一夜之后，人们发现一个小岛从海里长了出来，它高约 40 米，长约 500 米。尽管海浪将堆积在小岛附近的火山灰和泡沫石等物质冲走，但火山的不停喷发让它越长越高，越长越大！一年过后，新生的火山岛已有 170 米高、1700 米

▼ 苏尔特塞岛

长了，它就是苏尔特塞岛。两年之后的 8 月 19 日，这座火山再次喷发，直到 1967 年 5 月 5 日才逐渐停止。在这期间，苏尔特塞岛也在飞速成长，每昼夜竟能增加约 4000 平方米的面积！

海底火山的喷发，再加上海浪的冲击就形成了苏尔特塞岛。这是个美丽的小岛，风景独特，很适合旅游观光！

“地下森林”真的存在吗

地下森林又被称作“火山口原始森林”，一般指的是在低陷的火山口中隐藏着的茂密的原始森林。镜泊湖地下森林海拔 1000

▼ 镜泊湖地下森林

米左右，蕴藏着丰富的植物资源，有人参、黄芪、三七、五味子等名贵药材，有红松、黄花落叶松、水曲柳、黄菠萝等名贵木材，以及木耳、榛蘑、蕨菜等山珍。

地下森林也有着丰富的动物资源。当我们沿着小路拾级而下时，经常会看见林间鸟儿在飞、小蛇在爬行、小兔在嬉闹、松鼠在穿行，一片生机盎然的景象！根据科学家的发现，这里不仅仅有可爱的小动物，而且还有野猪、黑熊等大型动物，甚至还会有国家保护动物东北虎出没。镜泊湖地下森林不愧是一个名副其实的“地下动物园”！

火山可以喷发出钻石吗

火山喷发时，除了喷出岩浆、火山碎屑等物质外，可以喷出钻石吗？

火山喷发时可以喷出钻石，但并不意味着火山在喷发的过程中可以形成钻石。钻石又叫金刚石，是一种近乎纯净的碳化物，只有在高温高压下才能形成，而火山喷发时不具备这样的条件。实际上，钻石形成之后，会随着岩浆进入火山通道，岩浆冷却后，就形成了金伯利岩。当火山再次喷发时，金伯利岩会随着岩浆流出来，受到岩浆的冲击力后，钻石母岩破碎，会形成钻石的沉积砂矿，这种砂矿刚好处于火山喷发的范围内，所以，人们会误以为火山在喷发的过程中形成钻石。

▲ 天然钻石

现在你知道了吗？火山可以喷出钻石，但钻石是之前形成的，并非在喷发过程中形成，一定不要混淆了哦！而且并不是所有的火山都一定能喷出钻石。

火山灰有什么用途

火山灰是火山活动时产生的，是细微的火山碎屑物，由岩石、矿物等组成。你知道这么细微的火山灰会有什么用途吗？

首先，火山灰可以作为建筑材料用于屋面保温材料、隔热材料、建筑物装饰材料、隔音材料、轻质混凝土等的制作。

其次，火山灰可用于填料工业，例如美容材料、化妆品、牙膏、肥皂、金属餐具擦洗剂、工作服洗涤剂、电路板清洗研磨料等，也可以代替轻质碳酸钙做塑料充填料，用于分子筛、橡胶、沥青、造纸、油漆等。

再次，火山灰可用在化学工业方面，例如过滤剂、干燥剂和催化剂等。

最后，火山灰可用于研磨工业，例如玻璃和眼镜的研磨料、软金属及塑料抛光剂。

火山灰的用途数不胜数，人们不断地寻找使用它的新途径，让它发挥出更大的作用！

▼ 火山灰

火山附近能住人吗

火山喷发时非常可怕，那火山周围一定不会有人居住吧？其实不然，有的地方距离火山很近，人口却非常稠密。例如意大利的维苏威火山，它在公元 79 年的一次猛烈喷发曾夺去很多人的生命，但是，居住在火山周围的人们还是对这里不离不弃。又如墨西哥，人口稠密的地方几乎都是有火山的地方。这到底是为什么呢？

人们会选择居住在火山周围，有以下几个原因。

首先，火山灰非常肥沃，有利于农作物生长。例如印度尼西亚的爪哇岛面积不大，人口却占了本国的一半，就是因为当地处于亚欧板块与印度洋板块交界处，是个火山地震多发带，火山喷发出来的火山灰是繁荣农业的重要条件。

其次，火山带来巨大的财富——热源。火山喷发地区通常有大量的热水热气蕴藏在地底下，这种具有价值的资源能够解决人们的用电问题。一些热源还以温泉的形式出现，大大促进了当地旅游业的发展。当然，热源最重要的作用当属供暖，这使得冰岛这个寒冷的国家可以生产热带水果香蕉，这都是火山的功劳。

最后，火山喷发的过程中还会形成很多奇观，有利于大力发展旅游业。

由此看来，火山附近不仅能住人，而且当地的人们还从火山上获益不少呢。现在你明白了吧，火山周围是可以住人的，而且有的地方还是很好的旅游胜地呢。有机会不妨去看看这些“奇观”吧！有些人会觉得，火山喷发不知道多久才会发生一次，所以，他们会在喷发之后跑去火山周围居住，从事生产活动。

▼ 维苏威火山

遇到火山喷发，我们应该怎样自救

地球上的许多火山喷发时，都会产生不可估量的危害！那么，这时我们应该怎样自救呢？

避免喷出物的危害。在逃离时，尽量戴上坚硬的头盔，例如摩托车的头盔等，保护头部不受伤害。

避免火山灰的危害。戴上护眼镜或者滑雪镜，保护好眼睛，不过，戴太阳镜是没有效果的。用湿布捂住口鼻，不要吸进火山灰。到了安全的地点之后，脱去脏衣物，将裸露在外的皮肤好好冲洗干净。

避免气体球状物的危害。如果周围有坚硬的建筑物，就躲在建筑物里。要是没有，可以就近在水里屏气半分钟左右，等到球状物过去之后再起来。

避免熔岩的危害。争取跑出熔岩流的路线。熔岩流的危害相对比较小，因为人们基本上可以跑离熔岩流的路线。

对于驾车逃离的朋友来说，一定要注意火山灰会让路面变滑，所以防滑措施不容忽视。另外，峡谷路线很有可能成为火山泥流的路线，一定不要选择这种路线。

火山喷发前会有很多征兆，例如震耳的轰隆声、浓重的硫黄味、蒸腾的热气等。一旦看到这些征兆，大家就要赶紧逃离，越早越好！

第四章

生命的摇篮——海洋

从浩瀚的宇宙观察我们的地球母亲，那些占据绝大多数的蔚蓝色图块一定会让你惊叹不已。那里就是海洋。试着想象一下，如果有一天你拥有了一艘大船，扬着风帆在蔚蓝色的海面上远航，海鸥在天空中与你同行，湿润的海风拂面而过，鱼儿在蓝色的世界中自由游动，那该是多么美妙的一幅画面呀！

可是，承载着这艘大船的海水是从哪里来的呢？迎面而来的海风为什么不是清甜的味道呢？海底为什么会有石油呢？水手为什么害怕西风带呢？

海洋远比你想象的要美丽、神奇甚至复杂得多！人类对海

洋的了解，还是非常少的。那广阔的海洋，是一个巨大的未知世界，等着你去探索、去发现。

海洋到底是海还是洋

打开一张世界地图，就可以看到那大片大片的蓝色图块包围了一块一块的陆地。那些蓝色的地方便是海洋。地球表面积的71%都被海洋所覆盖。海洋环绕在陆地周围，就像是母亲紧紧地拥抱着自己的孩子一样！因为海洋，我们可以把地球看成是“水球”，地球海洋储存的水占全球总水量的96.5%！

我们常说“海洋”这个词，却又经常在电视上听到“黄海”“渤海”“太平洋”等词语。为什么不把“黄海”称为“黄洋”呢？难道海和洋是不一样的吗？海洋其实是合称。海洋中间的大部分主体称为“洋”。洋中的水特别深，深度基本上在3000米以

▼ 广阔的海洋

上，最深的地方甚至可以超过 1 万米。“海”是洋的边缘部分，靠近陆地，水深比洋浅得多，从几米到两三千米不等。

洋远离陆地，是海洋的中心部分，水域面积很广，具有独立的潮汐系统和海流系统。大洋中水的盐度几乎是固定不变的。在大洋中的海水透明度很大，受季节影响变化小。

海离陆地很近，处于陆地和洋的包围之中，水文特性受到陆地和大洋的双重影响。海可以细分为边缘海、内陆海和陆间海。它们都受季节影响很大，夏季海水会变暖，冬季海水会变冷，甚至在部分地区会结冰。有些河流在汇入大海时会夹杂着大量的泥沙，使海远没有洋那样透明。

所以，“海”和“洋”还是有区别的。这下你知道为什么我们说“黄海”而非“黄洋”，说“太平洋”而非“太平海”了吧！

海水是从哪里来的

你看到过大海吗？那一片蓝色的世界是不是让你心驰神往？当你真正站在海边，是不是又被它的广阔无垠所震撼？在你的心中，是不是也有过这样的疑问：这么多的海水，是从哪里来的？其实，科学家们早就开始研究这个问题了。

要想弄明白海水是从哪里来的，就要从地球的形成说起。科学家们根据掌握的知识和对地质的观测，推测了地球的形成过程。几十亿年前，在太阳形成之后，宇宙中的一些气体和尘埃逐渐聚集起来，形成了地球。初期的地球，到处都是炽热的岩浆，这些岩浆中含有许多水汽和其他气体。后来，地球的外壳逐渐冷却，形成了坚硬的岩石。但是地球表面并不平静，还在不断释放着能量，到处在发生火山爆发、地震等地质运动。

人们观察到，在现代的火山爆发时，除了会喷出岩浆，还会喷出许多气体，其中就包含了水汽。于是一些科学家推测，在地球形成的早期，频繁发生的火山爆发释放出大量的水汽。这些水汽在天空中聚集，逐渐冷却，凝结成水，掉落在地球表面。地球表面的水，不断从高处流向低处，最终汇聚在一起，就形成了最初的海洋。

也有一些科学家认为，在岩浆尚未凝固成岩石之前，水汽和其他气体就已经与岩浆分离，围绕在外层，然后在岩浆冷却形成

▼ 夏威夷钻石头火山

岩石后，水汽逐渐冷凝，落至地球表面，形成海洋。还有一些科学家认为，一部分海水来自地球形成初期撞击到地球的彗星，因为彗星上有大量的冰。

关于海水的来源，在科学界还有其他不同的说法，没有最终的定论。这些说法都是建立在对地球进行科学观测的基础上的。你有没有兴趣研究研究？

海水真的是蓝色的吗

如果我问你海的颜色，你一定会说它是蓝色的！可是为什么当你舀起海水的时候，它又变成了无色的呢？海水真的是蓝色的吗？

▼ 浅海和深海的颜色大不相同

其实海水本身是透明无色的。海洋呈现出颜色是因为受到太阳光照、悬浮物质、海水深度、云层特点以及其他因素的影响。

太阳光是由红、橙、黄、绿、青、蓝、紫七种颜色的光构成的，它们的波长由红到紫依次递减。太阳光到达海面后，波长较长的红色光和橙色光的穿透能力较强，大部分进入海水，较少被反射。而波长较短的青色光、蓝色光、紫色光的穿透能力较弱，大部分被海水反射和散射回来。人眼看到的颜色是被物体反射回来的光的颜色。人的眼睛对光也是有“偏见”的，对紫色光的感受能力很弱，看到的海洋反射的光中，以蓝色为主。因此人们就感觉大海是蓝色的。

由于海洋的深浅不同，它们吸收和反射光线的程度也是不一样的。较深的海洋会呈现出深蓝色，而较浅的区域则受藻类植物繁茂等因素影响，呈现出浅蓝色甚至绿色。

尽管大部分的海洋呈现出蓝色，但是在一些地方由于悬浮物质的影响，海水也会呈现出不同的颜色。在加利福尼亚湾的南部，由于存在大量血红色的海藻以及红土，海水呈现出一片红色。除了这里，世界上还有“黑色”的黑海、“白色”的白海呢！

海洋的腥味是因为有太多“海鲜”吗

如果在周末有机会能躺在沙滩上吹着习习而来的海风，享受日光浴，那一定是十分惬意的事情！可是夹杂在海风中浓重的海腥气息多少会让人觉得有些不舒服。这些海腥味是从哪儿来的？是因为海洋中有太多的“海鲜”吗？

当然不是啦，海洋之所以会有海腥味，是一种叫作二甲基硫醚的气体在作怪！在海洋世界中，有很多微生物，它们简直就是神奇的魔术师。这些微生物整日浮游在海洋之中，依赖海洋生物的腐尸残渣生活。它们会把这些残渣吃掉，并对其进行分解。那么，海腥味是微生物分解残渣时释放出来的吗？

很多科学家之前也是这么认为的，但是经过研究有人发现，二甲基硫醚气体不是这些尸体腐烂后分解的结果，而是那些“魔术师”在操控着一切。只要它们找到了自己钟爱的食物，它们就会打开自己身上的一个“开关”，然后释放出二甲基硫醚。这样的气体释放得多了，就让海洋的气息中充满了海腥味。

现在，你知道了吧，海洋的气息中总会有海腥气，那可不是“海鲜”散发出来的味道。

▼ 海水中发光的浮游生物

为什么海水是又咸又涩的

你有没有尝过海里的水？是不是又咸又涩、特别难喝呢？你知道这是为什么吗？

经过实验发现，海水中富含钾、碘、钠、钙、硫、氯、碳、氟、氧、硼、溴等多种元素的离子。当把海水蒸干时，会析出由这些离子形成的多种盐类，包括氯化钠、氯化钾、硫酸钙、硫酸镁、碳酸镁等。其中 90% 是氯化钠，也就是食盐。所以海水尝起来会有咸咸的味道。氯化镁使海水有苦涩的味道。做豆腐用的卤水的主要成分就是氯化镁，因此卤水尝起来也有苦涩的味道。

你一定在好奇，海水里面这么多盐是哪里来的吧！

其实，科学家们当初也有同样的疑问。通过对海水与河水的比较，以及对雨后土壤和碎石的研究，科学家们发现了其中的奥秘：海水中的盐是由陆地上的流水带来的。陆地上的河流能够溶解土壤和岩层中的盐类物质，并把这些盐类物质最终带入海洋。海洋经过几十亿年的运动和蒸发，盐的含量越来越高，海水也就变得越来越咸，越来越苦涩。

现在你知道为什么海水尝起来又咸又涩了吧！

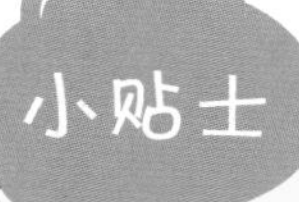

海水咸度之最

通常，在海水所含有的众多物质中，食盐所占比例为 90%，所以海水很咸！不过，在不同的海域，盐分含量也是不同的。那么，你知道哪个海中的水最咸吗？位于非洲东北部和阿拉伯半岛之间的红海，盐度在 41 左右，是世界上最咸的海。而世界上最淡的海位于欧洲北部斯堪的纳维亚半岛和日德兰半岛以东的波罗的海。它的盐度只有 7 ~ 8，充其量也只能属于半咸水域。

死海是已经死亡的海吗

如果你不会游泳也能够自由地漂浮在水面上，享受着阳光的沐浴和流水的轻抚，会不会感觉这样的场景特别美好呢？死海就能够帮助你实现这个想法。死海是怎么回事？它是已经死亡的海吗？

死海其实不是海，只是一个湖，因为它并不与大洋相连。死海是一个位于以色列、约旦和巴勒斯坦交界处的咸水湖，它的面积约有 1020 平方千米，湖面的海拔高度为 −430.5 米，是世界陆地表面的最低点，被很多人称为地球的“肚脐”。

死海中水的盐度极高，是普通海水含盐量的 10 倍。死海的

▲ 死海

地形较为封闭，只有约旦河水不断地注入其中，几乎没有流出。这里太阳直射时间很长，湖水的蒸发量与进水量大致相等。水分蒸发后，水中的矿物质被留了下来，长年累月下来，水体的盐度逐渐增高。当你在这里享受阳光沐浴的时候，完全不用担心从哪里会冒出来水草或者鱼。湖水的盐度太高，一般的动植物都无法生存，科学家只在水中发现了很少量的微生物。这也是这片水域被称为“死海”的原因。

通过长时间对死海的观测发现，死海的水位正在不断地下降，未来很有可能会干涸。一方面是因为降水少、蒸发旺盛等自然因素；另一方面是因为人们为了生活和生产，加大了对约旦河的取水量，使得约旦河流入死海的水量减少。如果死海干涸，那死海可就真“死”了。现在很多人都意识到这个问题，都在想方设法来拯救死海。你有没有什么好办法呢？

小贴士

如果有机会去死海漂浮的话，你可要小心了！高盐度的水如果进入了眼睛、鼻子或者嘴里可不是好玩的。身体上哪怕有一点点细小的伤口，都会在盐的刺激下异常疼痛。

你知道世界上最深的海在哪里吗

奇妙的海底世界分布有平原、海沟和山岭，它们的存在导致了海底表面的凹凸不平，也导致了海水的深浅不一。不过，你知道世界上最深的海在哪里吗？

位于太平洋西南部海域的珊瑚海，以其平均深度 2394 米的纪录荣获“世界上最深的海”之称号。这里绝大部分的海水深度都在 3000 ~ 4000 米，最深处更是达到了 9165 米。珊瑚海不仅是最深的海，还是世界上最大的海。它从托雷斯海峡到南回归线以南，绵延伸展 2250 千米，东西宽约 2414 千米，总面积达到 479 万平方千米。

这里为什么叫作珊瑚海呢？原来啊，世界著名的大堡礁就“安家”在此地。这里有世界上最大的珊瑚体，珊瑚海便因此而得名。

▲ 世界上最深的海——珊瑚海

你知道世界上最浅的海在哪里吗

通常，人们总认为海洋都是深不见底，可以让大轮船自由航行的。可是，你知道吗，在最浅的海中，会因海水太浅以致大轮船都难以行驶。你知道世界上最浅的海在哪里吗？

在俄罗斯和乌克兰交界的地方，有一个被克里米亚半岛（又译为“克里木半岛”）从黑海中隔离出来的内陆海，它在黑海北边。在那里，平均水深只有 7 米，而最深处也只不过 15 米！这就是世界上最浅的海——亚速海。由于流入亚速海的两条河——顿河与库班河携带着大量的泥沙，因此这里东北部的塔甘罗格湾水深只有 1 米左右。亚速海的南面通过刻赤海峡与黑海相连，整个海域面积约 3.88 万平方千米。

虽然亚速海很浅，但却重要非凡！大河的汇入使得这里的海水含盐量很低。河水也和这里的海水混合得很好，光合作用明显；且温暖的河水带来了丰富的营养物质，因此鱼类资源很丰富。这里冬季冰期只有 2 ~ 3 个月。

我们是怎样了解海底地形的

都说海底的世界对我们来说依然像谜一样，因为海底压强太高，人类无法前往那里。那么为什么我们会知道世界上最深的地方在哪里，又怎么会知道海底的哪个地方有山脉存在呢？我们是依靠什么知道海底地形的呢？

在很早的时候，渔民们都是通过手中的长竿来试探水下的深度，可是很多地方都没有办法用长竿触及，对海底的地形更是一无所知。随着科技的发展，科学家们开始使用“回声探测仪”。回声探测仪可以发射声波进入海底，当它遇到阻碍物的时候，就会迅速返回。由于声音在同种海水下的发出速度与反射速度是

▲ 美丽的海底

相同的，所以当科学家们搜集到数据以后，只需要将声波从发出到收回的时间除以 2，再乘以声音在水中的传播速度（约为 1500 米 / 秒），就可以得到海洋的深度了。哪怕是万米深渊，这个小机器也只需要十几秒的时间就能够探清楚那里的深度。

不仅如此，将搜集来的数据输入计算机后，科学家们就能利用计算机绘制出大致的海底地形图，再结合人们的勘测记录，就可以将海底的地形风貌完整地展现在大家的面前啦！当然，近些年随着科技的迅猛发展，诸如超声波探测器、水下电视机等都被运用于海底的勘探工作。相信在不远的将来，我们还会有更先进的技术，把你送到海底世界，真正去一睹海底世界的美丽！

为什么在充满水的海底会有石油

在辽阔的海洋上，我们常常能见到海面上高高架起的平台，那是人们在开采海底的石油呢！为什么在充满水的地方也会有石油的存在？都说油的密度比水小，那这些石油为什么没有浮在水面之上呢？

原来，海洋中的石油都被“锁”起来了，它们隐藏在岩石之中，自然不会浮到海面之上啦！科学家们通过长时间对海洋的勘测发现，在大陆架地区和一些深海盆地里有大量的油气资源，可开采的石油总量几乎占到了全球可开采石油总量的45%。著名的波斯湾就是世界上海底石油资源储存最为丰富的地区。

石油的生成至少需要200万年的时间。在时间非常久远的远古时期，大量的植物和动物死亡后，它们的残骸不断分解，与泥沙或碳酸质沉淀物等物质混合组成有机物沉积层。沉积物不断地堆积加厚，导致温度和压力上升，随着这种过程的不断进行，沉积层变为沉积岩。经过漫长的地质年代，这些有机物被埋在厚厚的沉积岩下。地下的高温和高压使有机物逐渐转化成石油。由于石油比附近的岩石轻，它们向上渗透到多孔的岩层中，直到遇到紧密而无法渗透的岩层，便停留在那里。地质运动使得岩层挤压、扭曲，一些地方的岩层中间形成了一定的空间，使得石油逐渐聚集到这里，形成了油田。通过钻井和泵取，人们就可以从油

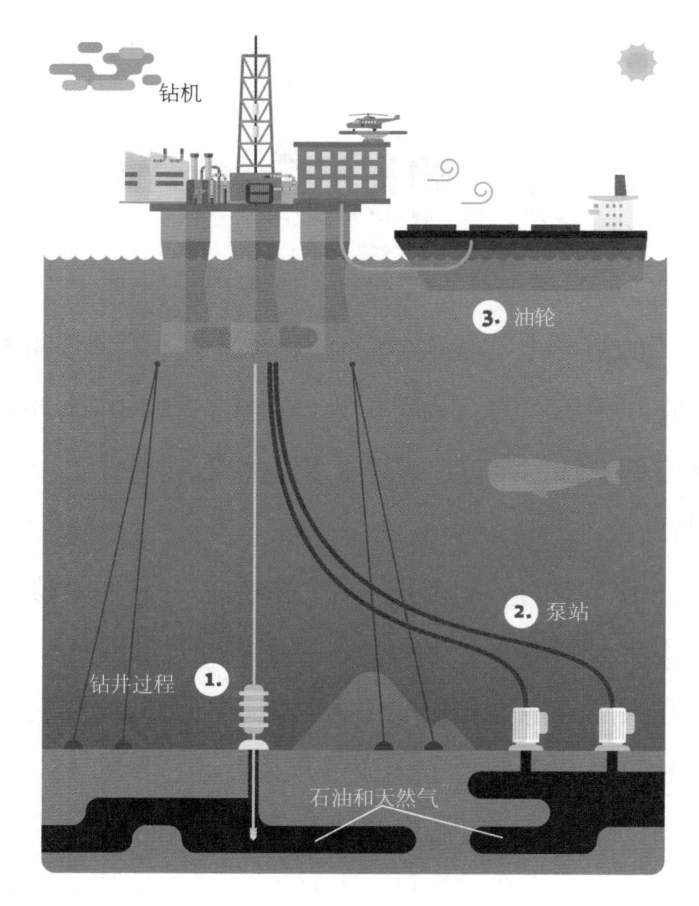

▲ 开采海底石油

田中获得石油。

大陆架，是大陆从海面下向海洋的延伸，可以说是被海水所覆盖的大陆。大陆架地区有河流注入，沉积物丰富，海洋生物数量多，较易形成有机物沉积层。大陆架地区较高的地温有利于有机物转化成石油和天然气。大陆架地区的地质构造有利于油田的形成。加之水深较浅，便于开发，因此海底石油资源的勘探和开发主要集中在大陆架地区。

▲ 在海洋中航行的船只

洋流对航海有影响吗

在《鲁滨孙漂流记》中，主人公鲁滨孙在一次航海中，遭遇大风浪，漂流到了一个荒无人烟的孤岛上，在那儿生活了 28 年。鲁滨孙是如何在大海中漂流的呢？是洋流在起作用吗？

没错，洋流具有巨大的推动力，就连大船的航行也要考虑洋流的因素。如果能够顺着洋流的方向航行，那么航行就会节省很多时间和燃料。在大洋上推动着洋流的盛行风，对航行的影响更大。如果你问水手们最喜欢在哪里航行，他们一定会告诉你在赤道地区航行是最舒服的！因为赤道地区通常没有大风大浪，航行十分平稳。最恐怖的就是在西风带地区航行，那里常常狂风大作，风雨不定，一艘大船经常会被巨浪打得左右摇晃，甚至发生沉船危险。

你知道郑和下西洋的故事吗？郑和七次下西洋都选择在冬季出发，夏季返回。这就是因为航行到印度洋的阿拉伯海，冬季受东北季风影响，洋流向西南流动；夏季则盛行西南季风，洋流在季风的影响下又会向东北流动。这样，郑和的航行始终都处于顺流之中，就又快又省力了！

世界上哪里的海中鱼最多

人们都喜欢吃新鲜肥美的鱼肉，那么你知道世界上哪里最盛产海鱼吗？为什么那里的渔产会很丰富呢？

日本附近的北海道渔场、加拿大境内的纽芬兰渔场、秘鲁附近的秘鲁渔场和欧洲的北海渔场被合称为“世界四大渔场”。在渔场中，丰富的水产资源为附近的居民提供了大量的食物。如果我们拿着世界洋流分布图仔细地观察，会很容易发现在四大渔场的周围也有洋流的神秘踪迹！它与渔场的形成又有什么关系呢？

原来，这些渔场的形成都得益于不同性质的洋流交汇。北海道渔场、北海渔场和纽芬兰渔场都是由寒暖流交汇形成的。冷暖海水的相互触碰使得海水上泛，大量营养盐类被带到海水表层，成为浮游生物的食物。浮游生物的大量繁殖为鱼类提供了丰富的饵料，使得这里渔产丰富！秘鲁渔场虽然不是寒暖流的交汇处，但是由于这里常年盛行东南信风，使得这一地区的风向都是由陆

▲ 海洋中的鱼群

地吹向海洋。风在吹向海洋的同时，把沿岸地区的海水也带走了不少。下层的海水为了达到“平衡”的目的，就拼命地向上翻滚，形成了上升补偿流，同样将深海的营养盐类带到海水表层。

可见，洋流不仅影响海水的运动，也对海洋中的生物产生了巨大的影响。

密度跃层，海中的神秘避难所

在神奇的海底世界，有一处地方被人们喻为“柔软的液体海底”，潜水艇可以在里面停留而不用担心被水流冲走，上层的海水在它的上面可以任意地流动。这“柔软的液体海底”有什么秘密呢？

▲ 停留在密度跃层的载人潜水器

原来，这片“柔软的液体海底”就是海水中的密度跃层。在海洋中，一般来说，海水的密度会随着深度的增加而逐渐增大，最上层的海水与最下层的海水密度差异很大。如果做一张从海面到密度跃层的密度分布图，你就会发现海水的密度在密度跃层这里会突然增大，使得密度跃层成为上层海水与下层海水的一道分界线。它的形成主要受到海水的温度和盐度影响。在风平浪静时，随着海水深度的增加，水温逐渐降低。当有大风来袭时，表层的海水被搅动混合，上层海水的水温变得均匀了，但是在下层风浪影响不到的地方，海水的温度依然在降低。这样上下层海水的温差就导致了海水密度的巨大差异，于是便产生了密度跃层。另外，在江河入海处附近，淡水冲淡海水，使海水盐度发生急剧变化，也会导致海水密度的突变，从而形成密度跃层。在一些地方，两个不同性质的水团接触也会产生密度跃层。密度跃层的水流以及密度分布相当稳定，潜水艇都可以停在里面，因此被称为“柔软的液体海底”。

密度跃层对于航行和海洋生物都有着重要的影响。密度跃层对于受到威胁的潜水艇来说可谓是一道天然的屏障。当潜水艇被敌军雷达锁定时，它只需要躲到密度跃层之下，密度跃层会把雷达发射来的声波反射回去。当然，密度跃层同样也阻隔了上下海水之间的交换。对于下层海水的鱼类来说，会因得不到充足的溶解气体而窒息死亡，上层海水中的生物也可能因得不到足够的营养盐而无法良好地生长和繁育。

水手们为什么害怕西风带

每当水手们讲起在“西风带”航行的故事时，总会充满着刺激、危险的氛围，那里常常被他们称为“咆哮的西风带”。是什么原因让水手们害怕西风带？

西风带的另一个名字也许更为形象，那就是“暴风圈”。它主要位于南北纬 35 ~ 65 度的区域，在这一地区里，来自赤道地区的暖空气与极地地区产生的冷空气相互碰撞，因此很容易形成气旋。不过这里的风为什么这么大呢？原来，地球的自转对空气流动有着很大的影响。它能使北半球中纬度地区盛行的南风变成西南风，使南半球中纬度地区盛行的北风变成西北风。地转偏向力随着纬度的增加而不断增大，对中纬度地区风力的影响很大。这一地区的温差大，上下空气的对流极为旺盛，本身就容易形成风。在这些因素的共同作用下，这一地区常常狂风大作，给航行者增添苦难。

在北半球，中纬度地区多陆地，因此风力被消减了很多。然而在南半球中纬度地区多是开阔的洋面，狂风使得表层海水也在向西流动，这对于前往南极地区的船只来说无疑是巨大的挑战。最常出现的场景就是狂风与暴雨交加，大船就像一片树叶一样在巨浪中颠簸，危险至极！

“厄尔尼诺”是怎么回事

1998年的夏季，在中国长江地区出现了特大暴雨和洪涝灾害。在那一次灾害中，洪水无情地吞噬了很多人的家园，更夺走了很多人的生命。“厄尔尼诺”是这次灾害的始作俑者之一。

厄尔尼诺现象是太平洋赤道带大范围的海洋和大气相互作用后失去平衡而产生的一种气候现象。在正常的年份里，赤道暖流会携带着温暖的海水从美洲流向亚洲，给印度尼西亚附近地区带来丰沛的降雨。可是每隔几年，这种稳固的模式会被奇怪的风和洋流所打破。这时风向和洋流会和往常不同，使得太平洋表层的热流一路向东奔向美洲，印度尼西亚地区的降水同时也被带走了。这就是厄尔尼诺现象。

每到厄尔尼诺现象发生的时候，太平洋沿岸的海面水温突然反常升高，海水的水位也会上涨，并形成一股携带着大量热量的

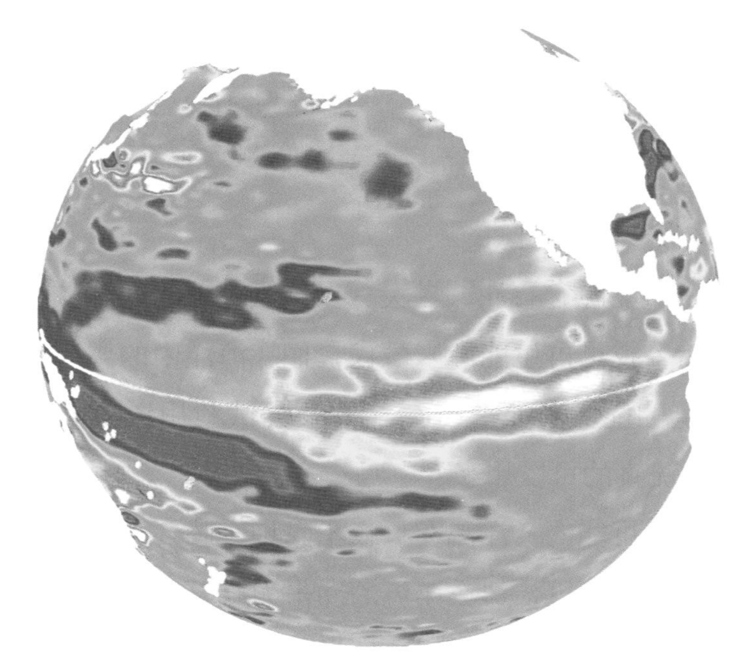

▲ 厄尔尼诺现象的数字成像图

洋流向南流动。这样就会使原本该冷的地方变暖，导致降水异常过多，而其他本该有降水的地方，则会由于降水的“逃跑”，而变得异常的干旱。海水变暖使得太平洋东部海域的冷水上泛减少或停止，冷水鱼群大量死亡。

随着科技的发展，近年来也有科学家提出厄尔尼诺现象可能与海底地震、海水含盐量的变化和大气环流的变化有关。

厄尔尼诺现象分为发生期、发展期、维持期和衰减期 4 个时期，影响会持续一年甚至更久，对相关地区的生态环境会产生极为恶劣的影响。由于它最严重时多发生在圣诞节前，所以也被秘鲁、厄瓜多尔一带的人称为“圣婴”。

洋流真的可以发电吗

地球上化石能源（石油、煤炭、天然气等）的逐渐减少，使科学家们开始寻找可再生能源来替代它们。海洋中的洋流和潮汐都蕴含着大量的能量，这使得科学家们尝试利用洋流来进行发电。你觉得洋流真的可以用来发电吗？

洋流发电是可能的。洋流在日夜不息地奔腾，如果能在洋流经过的地方放置水轮机，那么洋流的冲击力就可以带动水轮机转动，进而带动发电机进行发电。在较早的时期，利用洋流发电的发电站经常漂浮在海面上，利用钢索固定下来。但是这种发电设备所产生的电能很少，只能供灯塔或灯船使用。美国曾经研发了一种“发电船”，船舷的两侧装着巨大的水轮，在洋流的推动下进行发电，并通过海底电缆将电能输送到岸上。现在，随着超导技术的发展，也有科学家提出在海底放置超导磁体，当洋流经过磁场时会切割磁力线，也就能够进行发电了。

洋流发电的前景是十分可观的，世界上最强大的洋流——墨西哥湾暖流规模大、流速快，如果能够被充分利用的话，能够产生相当于 10 座核能发电厂所产生的电能。这种新兴的发电方式不仅能够在一定程度上缓解沿海地区用电紧张的问题，而且非常环保、绿色。洋流常年固定地流动也使洋流电能成了“取之不尽”的能源。

但是，现在洋流发电还存在争议。这一方面是因为洋流发电技术并不成熟；另一方面是在海底安放发电设备是否会影响海洋生态平衡、破坏海洋生物生活环境，都还需要科学家们的进一步探讨。

海水为什么不能直接喝

大家都知道海水不能直接喝。如果你在海上航行的时候，不小心失去了淡水，也一定不要直接饮用海水。因为那会让你丧命。这是为什么呢?

你在家里见过妈妈做饭时腌制的肉吗?如果仔细观察，你会发现经过盐、酱油等的腌制，肉的体积变小了，还会渗出水来。原来，细胞内外液体因浓度不同，而产生了一种称为渗透压的压力，使得水分自动从液体浓度小（含盐量低）的细胞内，跑到液体浓度大（含盐量高）的细胞外面。海水中含有大量的盐分。海水的含盐量远远超过了人体的含盐量。如果大量饮用海水，大量的盐分随着海水进入人体内，人体内的细胞也会像腌肉一样，失去水分。对于活着的人来说，体内的细胞大量失去水分是一件十分可怕的事情。体内细胞大量失水，会导致人体的电解质平衡和酸碱平衡被打破，时间长了，身体的器官就会受到损伤，使人身体衰竭，严重时还会产生可怕的幻觉。如果不能得到及时救治，人就会丧失生命。

▲ 海水是不能直接喝的

那么，只喝一点海水行吗？最好不要。喝了少量海水之后，因为摄入了盐分，会加速体内水分的流失，还会让人觉得更加口渴。在缺少淡水的情况下，人会变得更加难以忍受干渴，如果继续喝海水，就会危及生命。所以一定不能喝海水。

如果真的在海上遇到了灾难，失去了淡水，那么应该想些什么办法呢？如果碰到下雨的话，接雨水喝是比较好的办法。如果能够捕获鱼，可以喝鱼脊髓，吃鱼眼，将鱼肉中的水分挤出来喝。另外，海龟的血也可以喝。当然，如果你只是在游泳的时候，不小心呛了一口海水，因为喝进肚子里的海水很少，一般问题不大。

生活在海边的人们，有时候也会面临淡水的缺乏。人们想了很多办法，把海水进行淡化处理，除去海水中的盐分，这样处理后的水就可以喝了。

“无风不起浪”是真的吗

在海边，你会发现茫茫的大海并不是静止不动的。浪花不停地拍打着岸边，从来都没有停止过。俗话说“无风不起浪”，海里的浪花是因为风力的作用而产生的吗？

海水的波动现象就是海浪。一般情况下，风力是海浪形成的主要原因。根据海浪与风的关系可以将海浪分成三类：风浪、涌浪和近岸浪。风浪是指在风的作用下直接产生的海水波动。涌浪是指海水离开风区后形成的波浪。而近岸浪则是风浪或涌浪到达近岸地区时受到地形的影响而产生的波浪。

海浪的高度通常从几厘米到几十米不等，高的甚至可以达到30米左右。海浪的传播方向大致与风向保持一致，海浪的大小与风力的大小也有直接的关系。在咆哮的西风带，“怒吼”的海浪常常能掀翻一艘大船。在赤道无风区，海浪则十分弱小，呈现出“风平浪静”的景象。

除了风力的作用外，天体引力、海底地壳运动以及大气压的变化都有可能造成海水的波动，形成海浪。

第五章

美丽的海底世界

海洋，实在是一个神奇之地。阡陌纵横的洋流交织成“繁忙复杂”的海面，崎岖的地形构造出美丽的海底花园。当然啦，美丽的海底花园自然少不了奇妙的海洋生物，它们是这花园中的精灵，让这片蔚蓝色的世界变得生机勃勃。可是对于这些精灵，我们还有很多东西都不了解。

你知道生活在咸涩的海水里的鱼儿们为什么不是咸的吗？你知道鱿鱼和章鱼有什么区别吗？海底有美人鱼吗？为什么小海马是从爸爸的肚子里出来的？ 海苹果好吃吗？

想要了解这些问题，就快跟着我们一起深入海洋世界，跟那些奇妙的精灵打个招呼吧！

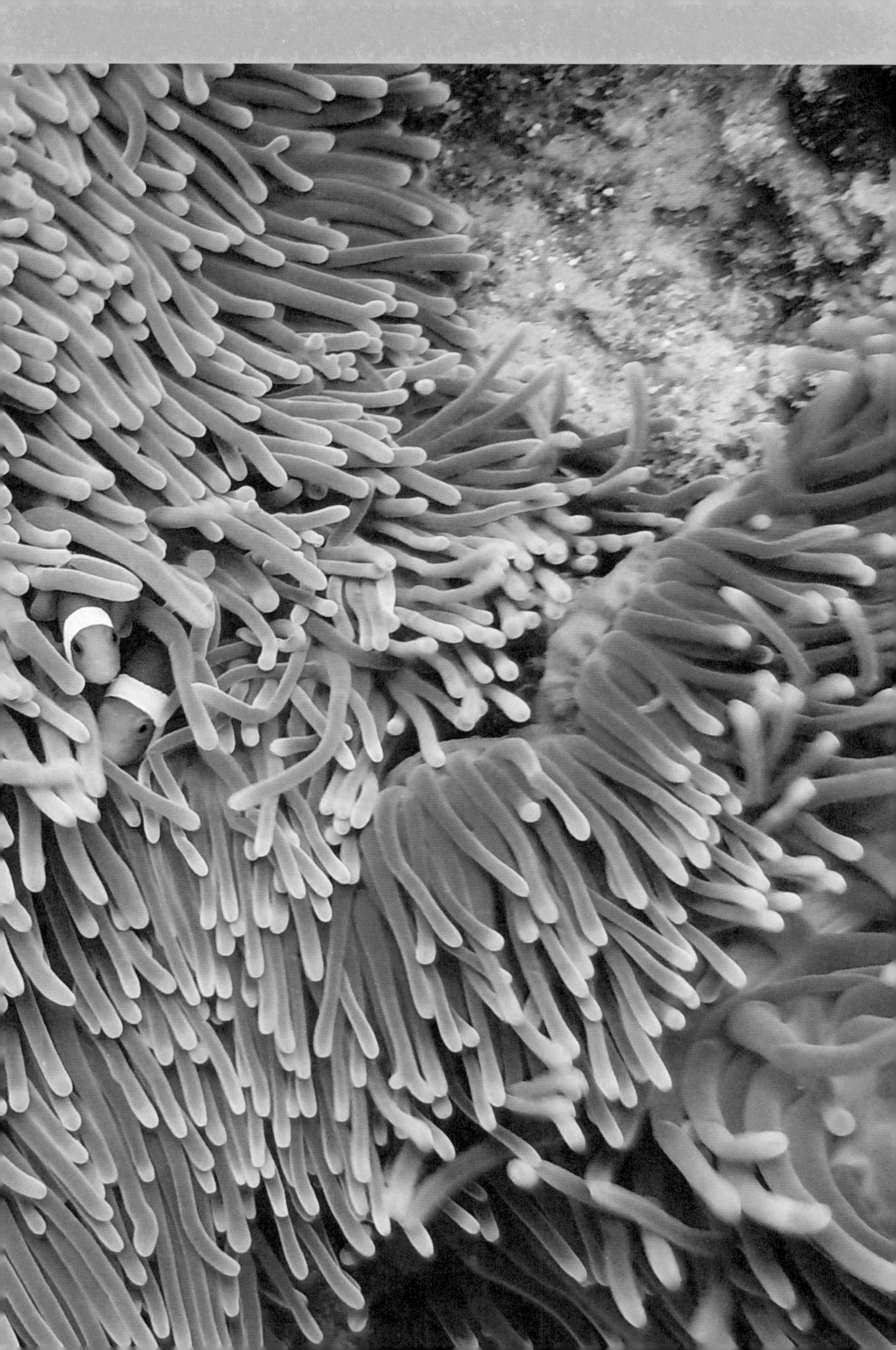

为什么说海洋是“生命之源”

常常听到有人说：“海洋是生命之源。”这是真的吗？对于生命的起源，科学家们进行了很多观测和研究，提出了各种理论。现在普遍被科学界接受的说法，认为生命起源于海洋。那么，生命又是怎样在海洋中诞生的呢？

在原始的海洋形成之后，经过了漫长的时间，大海中的有机小分子逐渐聚合，形成了有机大分子。慢慢地，这些有机大分子以特殊的方式组合在一起，形成了具有生命的、最原始的生

▼ 显微镜下的蓝绿藻

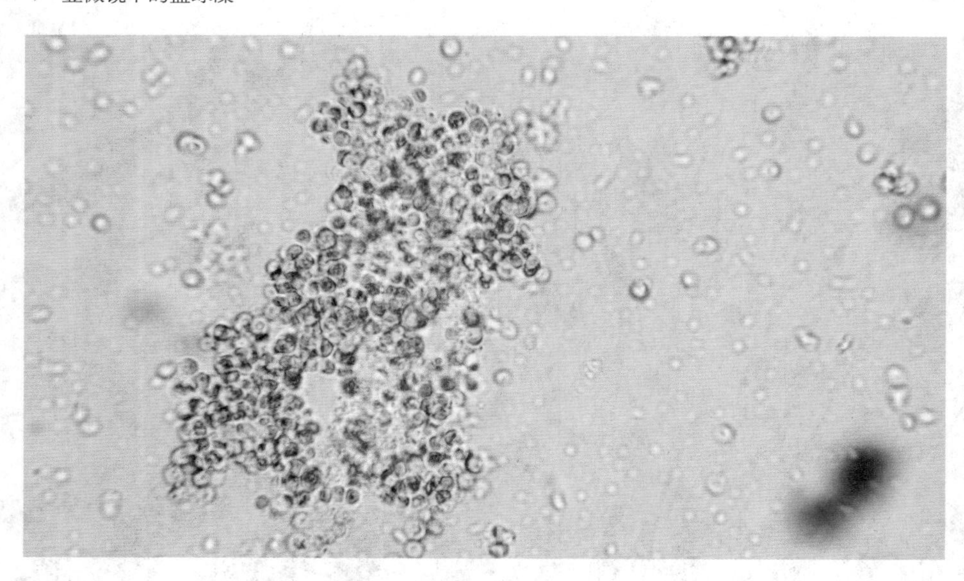

物——单细胞生物，蓝绿藻就是其中之一。生命形成之初，地球上还没有氧气和臭氧，太阳光中的紫外线能够直接到达地球表面，使得最初的生命只能生存在深海之中。慢慢地，蓝绿藻等单细胞藻类大量繁殖，吸收空气中的二氧化碳，通过光合作用，产生了大量的氧气，氧气在空气中又产生了臭氧。这使得依赖氧气的生物有了生存的基础。之后地球上才逐渐有了能够吸入氧气，依赖氧气生存的生物。

生命在大海中不断繁衍，最早是单细胞生物，后来逐渐产生了有多个细胞的生物。这些多细胞生物的身体中又逐渐演化出了具有各种功能的器官，形成了更为复杂的生命形态。随着漫长的时间的流逝，为了适应各个区域不同的环境，出现了各种各样不同形态的生物。

经过很长的时间之后，地球表面的各种地质运动，使得早期的海洋面积不断减少，陆地的面积不断增加。有一部分生物逐渐适应了陆地的气候和环境，从海洋中转移到陆地上生活，在形态上也发生了巨大的变化，形成了与海洋生物完全不同的生命形态。随着时间的推移，它们逐渐演化成了现在陆地上各种各样的生物。

从单细胞到多细胞，从海洋到陆地，经过几十亿年的不断繁殖和演化，就形成了今天物种繁多、形态各异的生物界。这就是海洋起源学说对生命起源的解答，你明白了吗？

“海底草原”是怎么回事

近年来，科学家们意外发现了大面积的海底草原。你能想象那里是什么样的景象吗？难道也会有如骏马般的海洋生物在海底草原上疯狂地奔驰吗？

人们在中国东部沿海地区，就发现了面积 3 ～ 5 平方千米的海底草原。科学家们没有办法解释为什么会有大量的海草集中出现，但是这片“草原”对于海洋生态环境来说却是一笔巨额的财

▼ 海底草原

富！海草对于海洋生物的生存来说是十分重要的，是很多海洋生物的食物。濒危的海洋动物儒艮便是以此为食。海草多分布在浅海或者几十米深的海洋地区。众多的海草中只有海菖蒲是通过空气传粉的。海草吸收海水中的营养物质，并和陆地植物一样通过光合作用来合成自身的有机物质。在光合作用中，它们能够吸收二氧化碳并释放出氧气，使海水中的含氧量上升，对海洋生物的生存也是有益的。

海草的根系相当发达，这对于防止海水对近岸底质的侵蚀有着卓越的成效。科学家们通过勘测发现，海底草原中有大量的浮游生物存在。茂密的海草和丰富的饵料为很多鱼、虾等提供了一个理想的栖居之地，所以海草对于生态环境保护的功效是不容小觑的。

为什么海水是咸的，而海里的鱼却不是咸的

如果在海边让你喝一口咸涩的海水，你一定会吐出来！同样是在海洋之中，为什么海水这么咸涩，而海鱼却不咸呢？

鱼类的确有一种特殊的功能，让它们在海中能够依然保持不咸。海水中的鱼一般会分为硬骨鱼类和软骨鱼类两种，对于硬骨鱼类来说，它们赖以呼吸的“鳃”可真是一个神奇的器官。因为它在输送氧气的同时，也起到了海水淡化的功能。鳃片中的“泌

氯细胞”就像是一个过滤器，将硬骨鱼类喝进去的海水中的水吸收进去，盐过滤出来。这种泌氯细胞的效率相当高，我们人类制造出来的任何一种海水淡化器都比不上它。多余的盐分会被硬骨鱼排出体外。你瞧，这样硬骨鱼喝进去的虽然是咸咸的海水，但留在它们体内的都是淡水了。

那些软骨鱼类可就没这么幸运能够直接让细胞喝到淡水了！但它们自身的体液中含有很多的尿素。这些尿素使得它们身体内的液体浓度很高，有很高的渗透压足以阻挡体内水分流失，同时还能促进已经进入体内的盐分通过尿液排出去。所以，它们的肉也不会是咸的！

小贴士

为什么鱼儿离不开水

鱼类用鳃呼吸。它们的鳃构造十分奇特，其中的鳃丝像线绳一样，是一条一条的，这是它们获得氧气的关键“零件”。你们经常看到鱼儿吐泡泡的情景就是它们在吸收氧气，排出二氧化碳的一个过程。当它们“喝水”的时候，水会经过鱼的鳃腔，并在鳃丝上进行气体交换，使得氧气被送进鱼儿们的体内。如果你把它们从水中捞出来，鳃就无法获得水，一条一条的鳃丝也会因为失去了水的润滑而粘在一起，失去了气体交换的功能，可怜的鱼儿就会因为缺氧而窒息死亡！所以，千万不要让鱼儿离开水！

海里真的有美人鱼吗

在美丽的童话故事中，美人鱼是一种有着人的上身和鱼的下身的生物。它们美丽动人，偶尔在海面上的一跃就会让很多人神魂颠倒。那么在现实世界里，美人鱼真的存在吗？

当你走进水族馆的时候，那里的工作人员会指着儒艮和海牛告诉你说那就是美人鱼。

海牛和儒艮都是属于海牛目的哺乳动物。海牛目动物在海洋哺乳动物中是相当特殊的一个群体，所属物种均为植食性，以海草与其他水生植物为食。现存共有 4 种海牛目动物，分为两个科：海牛科及儒艮科。海牛科包含 3 种生存在大西洋水域的海牛；儒艮科则包含生存在太平洋及印度洋的儒艮及已灭绝的大海牛。大海牛一直在白令海生存，直到 18 世纪才因人类猎捕而灭绝。而现存的几种，也因为人类的猎杀和其他活动的干扰，种群数量正在不断减少。

海牛目动物都有流线型的身体，身上毛发稀疏，没有后肢和背鳍，前肢呈桨状，便于游泳。儒艮与海牛的体形相似，由尾部可明显分辨两者：海牛的尾巴宽大而略呈圆形，儒艮则为 V 形尾，近似于海豚的尾鳍。海牛目动物有厚而且可移动的嘴唇，便于抓取海草送入口中。海牛目动物的口中只有用于咀嚼海草的臼齿，而且随着牙齿的磨损，能够不断长出新的臼齿。海牛目动物

▲ 儒艮

▼ 海牛

的肺很大，是它们的呼吸器官，也是它们浮力的主要来源。

就像大象的雄性能长出长长的象牙一样，海牛目动物的雄性也有两颗大门牙。不过这对大门牙比象牙短多了，嘴巴闭上时就会被嘴唇盖住。海牛目动物的雌性有一对乳房，乳头位于前肢的根部。人们把儒艮和海牛看成美人鱼，是因为有些人曾经看到它们漂浮在水面上，抱着幼仔哺乳。

至于人身鱼尾的美人鱼，到现在为止，还没有任何科学证据能够证明有这样的生物存在。美丽的人鱼公主，也只能存在于童话故事里了。

海豚不需要睡觉吗

在海洋生物家族中，海豚被誉为人类的好朋友。它们聪明可爱，与人类的关系也十分友好。这些可爱的精灵在海中畅游的时候，几乎处于持续的游动过程之中。它们为什么能够不停歇地游动呢？难道它们不用睡觉吗？

海豚实际上也是鲸的一种，属于哺乳动物，只不过它们是体形比较小的一类。它们广泛地分布在世界的各大洋之中，永远都在不停地游动，以鱼、乌贼、虾、蟹等为食。但是如果细心地去观察海豚的话，你会发现在一段时间里，海豚会“睁一只眼闭一只眼”。其实啊，这个时候海豚就是在休息呢，只不过和我们的休息方式不同罢了！

▲ 海豚

海豚的大脑与人类的大脑一样分为左右两边。但不同的是，人类在休息和睡觉的时候，整个大脑都处于休息状态。而海豚在休息的时候只有一边的大脑在休息状态，另外一边的大脑则正常工作。它们两边的大脑是轮流休息的，在睡眠中每隔十几分钟就会交替一次。海豚是靠肺呼吸的，所以每隔一段时间就要浮出水面进行换气。有了能够交替休息的大脑，海豚就可以安心睡觉了，不用担心因为“忘记”换气而把自己憋死，也不用担心因需要换气而睡眠时间不够。所以，即使是在睡觉的时候，海豚也是在不断游动的。

为什么鲸会喷水呢

我们常常可以看到这样的画面：一头巨鲸浮出水面，然后一道水柱像喷泉一样从鲸的身上喷出，还能听到类似于火车汽笛的声音。为什么鲸会喷水呢?

这是因为鲸在呼吸。鱼生活在水中，用鳃呼吸。鲸属于哺乳动物，虽然也生活在水中，但是它没有鳃，而是用肺呼吸，必须不时地浮出水面进行换气。鲸的肺大得惊人。科学家们曾称过蓝鲸的肺，其重量竟重达1500千克！巨大的肺部对于鲸来说是非常有利的，它们一次能在肺中装入15000升左右的空气，足够支持它们潜水一段时间。在潜水时，鲸肺内的空气与毛细血管中的气体进行交换，氧气进入毛细血管，二氧化碳从毛细血管中被交换出来。经过一段时间后，肺内已经没有可供交换的氧气了，鲸就需要浮出水面，将肺中的气体排出去。由于强大的压力所致，它喷气时常发出巨响，并把鼻孔周围的海水也带到了空中。

鲸喷水的地方一般都在眼睛附近的正上方，而不是在嘴附近的前方。难道鲸是用眼睛呼吸吗?当然不是，鲸也是用鼻孔在呼吸。它的鼻孔开口是在头顶两个眼睛的中间，有的鲸是两个鼻孔并成了一个，还有的是两个鼻孔并排排列。所以当它们呼气的时候，你会看到水柱从头顶喷射而出。

鲸在较为寒冷的水域时，肺内气体的温度比外部空气的温度高，其中所含的水汽遇冷易凝结成水珠，形成喷泉。这也是形成“喷泉”的一个原因。

章鱼和鱿鱼是同一种动物吗

你有没有觉得鱿鱼和章鱼的触角有些相似呢？章鱼和鱿鱼是同一种动物吗？其实它们并不是同一种动物，最多算得上有点亲戚关系，只不过它们都有着长长的腕足罢了。

章鱼属于软体动物门头足纲八腕目，呈现出圆卵的形状。它们的头上有很大的眼睛，还有8条长长的“触角”，也就是章鱼的腕。每条腕上都有两行吸盘，它们借助着腕爬行，能够很轻松地将食物牢牢地抱在怀里。当它们需要加快游动速度的时候，只需要让位于头部下方的一个漏斗喷出水来就可以快速地游走啦！章鱼的嘴里还有一对十分尖锐的锉齿，在碰到坚硬的食物时，它们可以将其钻破，再切割里面的肉吃。当它们遇到危险时，可以喷射出墨汁当作“烟幕弹”，自己再迅速地逃跑。

鱿鱼就不同了，鱿鱼在分类上属于软体动物门头足纲十腕目，属于乌贼的一种，也叫枪乌贼。鱿鱼的身体呈现出圆锥形，头部的两侧具有一对发达的鳃。鱿鱼有10条触腕，其中两条较长。腕上的四行吸盘位于触腕的前端，当有食物靠近的时候，它们也能够迅速地将食物“抱”起，并将其吞食。鱿鱼其实也有墨囊，但是其喷墨能力很差，几乎到了可以忽略的地步。

▲ 鱿鱼　　　　▼ 章鱼

▲ 喷墨汁的乌贼

为什么乌贼会喷出墨汁

在海中游动的乌贼有的时候会喷射出墨汁，甚至在游动的过程中释放墨汁，就像是“墨水瓶”一样。你知道乌贼为什么能够喷出墨汁吗？它们的墨汁是“取之不尽，用之不竭”的吗？

乌贼其实就是我们平常所说的墨斗鱼，虽然称呼它为鱼，但是它全身没有骨头，只是一种在海洋中生活的软体动物。科学家们曾解剖过乌贼来分析其喷墨的秘密。他们发现，乌贼的身上有一个墨囊，里面充满了墨汁，甚至在解剖到此处的时候，里面的墨汁弄了科学家一身！但是，墨囊中蓄积墨汁需要一个较长的过程，并不是可以任意释放的。它们只有在海中碰到了极其危险的情况时，才会释放出墨汁，让周围的海水变成黑色，自己也才能在一片暗黑的环境中“逃之夭夭”。它们释放的这种墨汁还带有一定的麻痹作用，能够暂时地麻痹前来捕食的敌人。

乌贼逃生的功能可不仅限于此，它们还被称作游泳速度最快的海洋生物。这是因为它们不依靠鳍来游动，而是靠头部下方的漏斗向下喷水，从而产生强大的推动力来帮助其飞速地游动。这一招再配合上喷墨的功能，乌贼真的可谓是“逃生能手”呀！

美丽的珊瑚是植物还是动物

如果你有机会去澳大利亚旅游的话，千万不要错过了那里的大堡礁——那就是世界上最大的珊瑚礁。珊瑚礁的形成是离不开珊瑚的，不过，你了解这些美丽的珊瑚吗？

以前常有人说珊瑚是植物，其实珊瑚是一种动物，属于腔肠动物门。我们见到的珊瑚其实是一个个珊瑚虫的堆积在一起的骨骼。每一个单体的珊瑚叫作珊瑚虫。珊瑚虫很喜欢群居，而且多依附在物体的表面。珊瑚通过分裂或出芽生殖的方式产生更多的个体。珊瑚虫个体之间以“共肉组织”彼此连在一起，它们的骨骼也连在一起，经过几十年甚至数百年的繁衍，就形成了珊瑚礁。

珊瑚的群体骨骼样式非常多，有像大脑的石脑珊瑚，有像大蘑菇的石芝珊瑚，还有酷似鹿角的鹿角珊瑚，等等。它们的颜色也各不相同，有浅绿色的、粉红色的、白色的、橙黄色的等。

珊瑚虫只有一个口，进食与排泄都是通过这一个口。在口的周围有无数的小触手来帮助它捕食海洋中微小的浮游生物。在这些触手上有许多刺细胞，当这些细胞受到刺激后，会将刺丝囊翻出来，这些刺丝可以将猎物麻痹，最终猎物被珊瑚吞食。

珊瑚虫的食物主要是浮游生物，但它们也可以通过光合作用补充养分。这是因为它们体内有许多单细胞的藻类与其共生，这些藻类能够吸收珊瑚的代谢物，并进行光合作用，为珊瑚提供养料。珊瑚的颜色，主要就是它们体内藻类的颜色。

▼ 珊瑚

鱼翅是从哪里来的

餐桌上的一碗鱼翅价格十分昂贵。人们以鱼翅为美食。但是这些鱼翅的来源却十分罪恶。

鱼翅实际上就是鲨鱼的鳍，采集的过程十分残忍。人们通过各种方式来诱捕鲨鱼，并将它们身上的鳍割下来进行加工。他们为了节约成本，将鲨鱼鳍割下后又把鲨鱼“放”回海洋。但是放归海洋后的鲨鱼会因失去游动的能力而最终沉入海底，因窒息或饥饿而断送性命。

科学家们的研究表明，食用鱼翅不仅没有人们认为的保健功能，反而可能因其中过大的水银含量而影响人体健康，甚至可能导致新生儿畸形。但是近些年来，在高额利润的驱使下，人们的捕捞量有增无减，海中鲨鱼的总量竟然减少了近 90%。这不仅仅是对已经生活了 4 亿年之久的鲨鱼的伤害，更是对整个海洋生态平衡的破坏。

鲨鱼在海洋中的捕食和游弋实际上起到了维护海洋生态平衡的作用，促进了海洋中低等物种的淘汰和进化。如果捕杀鲨鱼的行为得不到遏制的话，整个海洋的生态平衡系统就会被破坏，最终会影响到人类自己！

小贴士

近些年来，世界各地都在发起保护鲨鱼、拒食鱼翅的行动。如果有人请你吃鱼翅的话，请坚决地说“不”！因为，每一份鱼翅都是以一条鲨鱼的生命作为代价的！

海苹果能吃吗

海洋中有一种颜色鲜艳的、果子一样的东西，其名字叫作海苹果。不过，千万不要被它的名字给迷惑了，它虽然叫作海苹果，其实是生活在海洋里的海参！

海苹果的身体呈现出卵形的特征，表面的颜色也各异，但大都以红、黄、蓝三种颜色为主。它们每天都需要通过食用浮游生物来保证生存，但是有限的消化能力却让它们吃得并不多。海苹果的口部周围有许多触手。觅食时，海苹果会在水流中伸出触手过滤食物，捕获食物后触手会将食物放入口中。海苹果是不会接近鱼类的，因为鱼类很有可能会啄伤它们的触手，给海苹果造成伤害。

海苹果的表层有很多管足，它就是依靠这些管足来不断移动的。遇到危险时，它并不会像海参那样抛出自己的内脏，而是释放出有毒的物质，来麻痹敌人。也正是这个原因，很少有人会把海苹果放在水族箱中饲养。

▲ 海苹果

第六章

你不知道的沙漠

一提到沙漠，在我们的脑海中浮现的，可能就是那一眼望不到边的漫天黄沙，没有水源，没有人烟，看上去是那么荒凉、可怕。但随着人类对沙漠的认识进一步加深，我们发现沙漠其实并没有那么可怕，沙漠中除了漫天黄沙外，还有许许多多你不知道的神奇而美丽的事物。接下来，让我们一起走进沙漠，看看它神秘的面纱之下藏着怎样的面目吧！

沙漠是怎么形成的

大自然孕育了世间万物，沙漠也是自然界的产物。

沙漠形成的条件之一就是干旱的气候。当你打开世界地图的时候，有沙漠的地区大多是在北回归线和南回归线之间。南北回归线之间的位置就是太阳在一年之中能够直接照射到的地方，所以这里与其他地方相比，温度较高。气温高了，泥土中的水分蒸发就较快，逐渐变成了干燥的沙子。除此之外，稀少的降水量也是形成沙漠的主要原因。据科学家们统计，沙漠地区的年降水量一般都小于 50 毫米，有的地方甚至常年连一滴雨都不下。这些没有雨水滋润的地区，终日经受着太阳的炙烤，慢慢地就变成了沙漠。

在电视中看到沙漠的时候，我们不禁感叹于那一眼都望不

▼ 索诺拉沙漠

到边的壮观。那么，这些数不清的沙砾到底从何而来呢？这要归功于风对沙土的搬运了。沙漠地区的风力十分强，将地面的泥沙吹跑后，在风力减弱或遇到障碍物时堆成许多沙丘，掩盖在地面上，形成了沙漠。因此，沙漠的地表会随着风的吹动而变化出不同的形态。

沙漠地区荒凉贫瘠，了解沙漠的成因可以帮助我们更好地认识沙漠和治理沙漠哦！

小贴士

为什么地球上的沙漠变得越来越多

经过科学家研究，地球上陆地面积约 1.49 亿平方千米，约占地球总面积的 29%。剩下 71% 都是海洋，也就是说，地球上可供人类居住的陆地并不是很多。这其中，沙漠占据了陆地面积的 1/5 以上。更严峻的是，地球上沙漠的面积还在以每年 6 万平方千米的速度扩大着。像非洲、阿拉伯半岛、澳大利亚这些地方，沙漠面积已经占据了大半。

更让人痛心的是，有些沙漠是人为造成的。如 1908 年至 1938 年，美国为发展经济，滥伐森林 9 亿多亩，结果使大片绿地变成了沙漠。苏联在 1954 年至 1963 年的垦荒运动中，不顾生态平衡，使中亚草原遭到严重破坏，结果非但没有得到耕地，反而带来了沙漠灾害。

有些沙漠是天然形成的，气候条件和地理位置是我们无法改变的。但沙漠面积的不断扩大是人类对生态环境的破坏造成的。

沙漠长得都是一个样子吗

地球上每一块大陆上都有沙漠的影子，那么每片沙漠长得都一样吗？当然不是，沙漠的成因不同，沙漠的风貌也就不一样了。按照沙漠的典型气候类型来分，沙漠可分为：信风沙漠、中纬度沙漠、雨影沙漠和沿海沙漠。这里我们主要介绍一下后三种。

中纬度沙漠，也叫温带沙漠，顾名思义，就是位于纬度 30 度到 50 度范围内的沙漠。北美洲的索诺拉沙漠和我国的腾格里沙漠都是中纬度沙漠。这一类沙漠主要是受地形的影响而形成的。

▼ 朱迪亚沙漠

雨影沙漠是在高山边上的沙漠。因为山太高，阻挡了季风，造成迎风坡一面降水多，背风坡一面降水少，所以在山的背风坡一侧的地区就成了雨影区，逐渐演化成了沙漠。被称为“犹大沙漠”的朱迪亚沙漠就是典型的雨影沙漠。

在我们的印象中，海滩是休闲度假的圣地，可有一种沙漠也安家在沿海地区，这就是沿海沙漠。沿海沙漠受陆地、海洋和天气系统的综合影响，在海岸线附近形成了一条沙漠地带。南美洲的沿海沙漠阿塔卡马沙漠是世上最干的沙漠，经常 5 ~ 20 年才会下一次降水量超过 1 毫米的雨。

干旱的沙漠里为什么会有绿洲

绿洲是沙漠中的绿地，在这里，水草丛生，绿树成荫，动物悠闲地在湖边喝水，鸟儿在枝头欢唱，一派生机勃勃的美丽景象。绿洲就是一个天然的避风港，消除了沙漠的荒凉和萧瑟。那么，又是谁将它搬到沙漠中的呢？答案就是大自然。

沙漠的边缘往往会有几座高山，高山上的冰雪到了夏天就会融化，顺着山坡流淌形成河流。而当这河水流经沙漠，便渗入沙子里变成地下水。看到这里，你肯定想问：“沙漠里气温那么高，河水不会蒸发吗？”不错，沙漠里水分蒸发十分迅速，但高山的冰雪融水有很多，再加上可能会碰到沙漠的雨季，这样，河水就会保存下来一部分，沿着不透水的岩层一直流到沙漠的低洼

▲ 沙漠绿洲

地带。如果岩层断了，地下水还可以沿着岩石的裂隙到达低洼地带，这比沿着完整的岩层流动的速度还要快。

低洼处水无法继续下渗，就涌出地面，汇集成了湖泊。有了水的滋润，植物开始在这里发芽、生长，各种生物也陆陆续续来此安家落户，绿洲就逐渐形成了。

人能在沙漠中长期生活吗

灼热的太阳、干涸的水谷、肆虐的风沙……这些都是生活在沙漠中需要面对的威胁，在这样的环境下，人能够生存吗？答案是肯定的。

看看突尼斯、沙特阿拉伯等国家，沙漠占国土面积的90%。

沙漠虽然干旱，但在一些地区储藏有丰富的地下水，有水的地方人也就能生存了。但除了少数几个石油出口大国，其他生活在沙漠中的人都饱受着贫穷和饥饿的折磨。那么，沙漠中的人都是怎样生活的呢？

沙漠地区的居民通常都穿白色的衣服，因为阳光的照射实在是太强烈了，穿浅色衣服可以反射掉一部分阳光。通常我们在电视上见到的阿拉伯人，男性头上一般缠着白色头巾，女性一般围着面纱。这一方面固然是因为习俗，但也是为了阻挡沙漠中的风沙灌入眼、耳、口、鼻。

在沙漠中生活的人特别珍惜水资源，因为沙漠中的每一滴水都太珍贵了，不允许他们浪费。他们的食物主要是绿洲中的农作物和沙漠中的一些小动物，生活在海边的人还可以捕鱼。

看见沙漠中的人生活得如此艰难，你会不会觉得在有丰富水源的地方生活备感幸运呢？

▼ 人们在沙漠里建造的房屋

小贴士

为什么沙漠里很少见到雨

在沙漠里，有时天空乌云滚滚，眼看一场暴雨就要来临，但常常是烟消云散，雨点却没有下来。其实，天空确实是在下雨，只不过因为空气太干燥了，雨滴还没有落到地面，就被蒸发光了。

沙漠里产出哪些可口的水果

沙漠深处，一株株高大的仙人掌迎风挺立，向我们昭示着沙漠也是有绿色的。沙漠中可以生长植物，水果是植物结出的果实，那么沙漠是不是也可以长出水果呢？沙漠中又有哪些水果呢？

坐落在库木塔格沙漠北端的吐鲁番盆地全年干燥少雨，年日照时间长达 3200 个小时，是典型的温带沙漠地区。可让人感到费解的是，这里却盛产葡萄、哈密瓜、杏子、西瓜，被誉为“葡萄和瓜果之乡”。这又是怎么回事呢？原来啊，吐鲁番有着丰富的地下水资源，为果树的生长提供了充足的水分。其优越的光照条件和昼夜温差的变化，让葡萄和瓜果积累了足够的糖分，比其他地区的水果都要可口。

在中东，枣椰是沙漠里常见的一种绿色乔木，原多见于沙

▲ 椰枣

▼ 火龙果

漠里靠近水源的地方，现已得到大力种植，在整个北非和西亚随处可见。枣椰树上所结的椰枣营养价值很高，人们对它的评价极高，是大众非常喜爱的果类。在沙漠中，一些仙人掌的果实也是可以食用的，而且维生素含量特别高，市面上常见的火龙果就是一种仙人掌果实呢！

新疆的哈密瓜是不是又香又甜？从这些甜蜜的水果中我们就可以品尝出沙漠植物的顽强。沙漠虽然看似一块不毛之地，但它却默默地孕育了一颗颗生命的“果实”。

沙漠里的动物如何避免变成“烤肉”

地球上有记录的最高气温是58摄氏度，在非洲的撒哈拉沙漠测得。当夏季来临，沙漠里白天地表温度有时可达70摄氏度至80摄氏度，鸡蛋埋在沙子里都能被烤熟。那生活在沙漠里的动物怎么办？它们会不会变成“烤肉”？不要担心，面对高温，动物们各有妙招！

当沙漠里的酷热季节到来时，大多数动物，尤其是哺乳动物和爬虫动物，喜欢在清晨和黄昏时分外出活动，它们主动避开一天中最炎热的时段。也正因为如此，白天人类很少能在沙漠中碰见响尾蛇和毒蜥。

也有些动物喜欢在天气凉爽的夜晚活动。例如狐狸、臭鼬都在夜间出动，白天则躲在阴凉的巢穴或地洞里睡觉。一些聪明的

▲ 正在捕食的沙漠蜥蜴

啮齿动物甚至还会将洞口塞住，以隔绝炎热而干燥的空气。

但是，有一种动物特别喜爱在灼热的阳光下奔跑，你们知道它是什么吗？它就是沙漠蜥蜴。在高温的地表，它们行动极其迅速，只偶尔在凉快的阴影处停驻，它们特有的长腿在奔跑时也不会吸收太多的地表热量。

如果你见到沙漠里的猫头鹰、夜鹰张大嘴不必惊讶，它们那可不是为了唱歌。它们张大嘴巴，是为了蒸发口腔中的水分，以达到散热的目的。

与一些生活在温寒带地区的亲戚相比，许多沙漠动物像是得了白化病，苍白的毛发十分暗淡。其实这并不是物种的变异，相反，苍白的颜色不仅可以使它们的身体吸收较少的热量，还可以帮助动物们躲过捕食者的目光。

小贴士

沙漠昼夜温差大。虽然白天地表温度可以达到 70 ~ 80 摄氏度，但太阳一落山，地面冷却的速度也十分快，可降至接近 0 摄氏度。

沙漠中的“造水机”沙鼠

沙漠中适应环境能力最强的动物就要数几种小型啮齿动物了，例如亚洲和北非的跳鼠、北美洲的荒漠更格卢鼠、澳洲的伪小鼠等，它们只需要少量的水，甚至没有水也可以生存。它们有一个共同的名字，叫作沙鼠。

这些可爱的动物，多数后肢很长，走起路来连蹦带跳，就像缩小版的袋鼠一样。这种变化，是它们适应沙漠环境的结果。长长的后肢除了可以使行动迅速灵活，还可以减少身体与滚烫的沙砾接触的面积。那么较短一点的前肢有什么用呢？前肢用来挖洞。在沙漠中，挖洞对沙鼠而言可是一项很重要的工作，因为在正午前后，只要在沙漠表面上停留一个小时，就可能因脱水而丧命。

这些小沙鼠不仅不用喝水，吃的也完全是无汁的植物。难道它们不需要水就可以活下去吗？不是的，当植物经过它们体内新陈代谢功能的分解以后，就会产生代谢水，沙鼠就靠这种水来维持身体机能。它们这种可以自己生产水的本领真的很了不起!

除此以外，沙鼠的尿液非常浓缩，而粪便中的水分差不多都由大肠重新吸收了。它们没有汗腺，因此由于蒸发而散失的水分极少。在洞中的时候，蒸发作用更是进一步降低，它们呼出的气体，还能提高洞穴里空气的湿度。

沙鼠从不喝水，但体内组织中的水分和津液，却使捕杀它们的天敌获得水分，它们因此被称为沙漠中的“造水机”。沙漠中的蛇、狐狸、老鹰都以捕食沙鼠为生，从它们的体内获取水分。这是不是很独特呢?

▼ 沙鼠

“魔鬼的海”是什么现象

当人们在沙漠中旅行感到饥渴难耐的时候，有时会忽然看见一个很大的湖，里面蓄着碧蓝的清水，看来并不很远。可是，当人们欢天喜地地向大湖奔去的时候，这蔚蓝的湖却总和人们隔着那么一段距离，湖里的水怎么也够不着。阿拉伯人将这一现象称为“魔鬼的海”，随着科学的不断发展和人们认知能力的增强，人们认识到这一现象其实就是沙漠中的“海市蜃楼”。

在古代，由于人们的知识水平有限，不知道用什么样的道理来解释这一神秘的现象，只好称其为“魔鬼的海”。直到 19 世纪

▼ 海市蜃楼

初，这一谜底才被法国数学家和水利工程师孟奇揭开。孟奇随拿破仑的军队到埃及和英国争夺殖民地，当时法国士兵遇到这一现象，他们极为惊奇，就去问孟奇。孟奇经过深度思考以后，才给出了答案。原来啊，沙漠中地面被太阳晒得酷热，贴近地面的一层空气温度比上面一两米的温度高许多。由于光线折射和反射的影响，使人们产生一种错觉，空中的乔木看起来像倒栽在地面上，而蔚蓝的天空倒映在地上，看起来就像是汪洋万顷的湖面了。若是近地面的空气温度低而上层高，短距离内相差 7 摄氏度至 8 摄氏度的话，那便可把地平线下寻常所见不到的岛屿、人物统统倒映在天空中，成为空中楼阁，这一现象就被称为“海市蜃楼”。

在湖泊、江河、沙漠等处的空气层中，我们也时常可以看见“海市蜃楼”的神奇景象，“魔鬼的海”就是海市蜃楼的一种，是可以用自然规律解释出来的哦！

为什么月牙泉没有被风沙掩埋

在甘肃敦煌城南 5 千米处，绿洲边缘的沙丘中有一形似新月的小泉。泉边绿草如茵，泉内水草丛生，水面蔚蓝，清澈如镜，是沙漠里难得的一块翡翠。这就是驰名中外的“月牙泉”。

“月牙泉”所在之处气候干燥，沙漠广布，流沙经常吞噬着城镇、村庄和耕地，将土地变为荒漠。但是，被沙漠包围的“月牙泉”几千年来却从不受干扰，仍然碧波荡漾。月牙泉为什么形

▲ 月牙泉

似月牙而没有被流沙埋没呢？

月牙泉本在党河河湾，由于党河改道，月牙泉成为河湾单独的一个湖泊。它之所以能在太阳的强烈照射下而不干涸，是因为丰富的党河地下潜流源源不断地补充到泉内，使其水量一直能保持动态平衡。又由于月牙泉夹在两座沙山中间，沙山相对高度在100米以上，南山北坡凸出，北山南坡凹进，由此决定了泉的月牙形状。此外，泉区风的运动也很奇特。风从谷口进入泉区后，受特殊地形的影响，开始沿着泉水四周的山坡作离心上旋运动，把山坡下的流沙往上刮，吹向远离泉面的山坡。所以月牙泉没有被流沙填没，也不会像沙漠中的其他河流和湖泊一样漂移不定。

可是如今，随着人类对自然环境的破坏，党河和月牙泉之间已经断流，月牙泉在不断地缩小。

沙丘是怎样“奔跑”的

在沙漠中，最不缺的就是沙子，风将沙子堆积在一起，形成一个又一个沙丘，连绵不断。沙漠中风在不停地吹，沙子也在跟着不停地移动，不断地吹起和坠落，这也就造成了沙丘的“奔跑”。那么，沙丘是沿着哪个方向“奔跑”的呢？

风都有其主导风向，迎风面的沙子在风力的推动下，不断地越过沙丘顶部并向下滑落，这样沙子源源不断地移动，从而使沙丘向前推移，就形成了移动沙丘。看到这里，大家可能会有疑问：为什么是迎风面的沙子向下滑落？大家千万不要忽视了“迎

▼“奔跑”的沙漠

风面”这三个字哦！对，你没有看错，沙丘的移动方向就是朝着迎风面的。这里的移动和我们平常看到的简单的风吹动纸条不一样。一张纸落在地上，它是会随着风的吹动向着顺风的方向移动的，而沙丘不一样，它是向着逆风的方向移动的。

当风从左边吹来时，左边的空气流速变大，而压强减小。此时，右边的空气流速就相对较小，压强较大，所以在大气压强的作用下，沙丘会被右边的大气压强“压”向左边。在同一个水平面上，沙丘“奔跑”的方向不是由风力决定的，而是由气压的强弱决定的。压强大的一面将沙子压向了压强小的一面，也就是风吹过来的那一面。

沙漠里还有很多事情是不能简单地用常理来解释清楚的，这就需要我们用创新的思维来看待不同的事物。

沙漠中也会下雪吗

冬天到了，雨滴凝结成了晶莹的雪花，纷纷扬扬从天空落下，给大地换上了银白色的新装。沙漠也有冬天，当冷风在呼呼地吹着的时候，沙漠也会和其他地方一样飘起雪花吗？沙漠的雪景又是怎样的一番滋味呢？

不管什么季节，沙漠都是极度干燥的，连雨水都很稀少，而下雪的条件之一就是空气中要有足够的水汽。这样一来，沙漠中下雪就显得不那么容易了。那么，这是不是就意味着沙漠里不可

▲ 沙漠里的雪

能下雪呢？其实也不尽然。世界上大多数沙漠都处在热带地区，如非洲的撒哈拉沙漠，炎热干旱的气候条件使它不会产生降雪。但一些处在温带和沿海地带的沙漠，却会因为偶尔的冷空气突袭而降下雨雪。这些雪与我们平常见到的雪有什么不同呢？

它们的特别之处在于，消失得特别快。为什么这么说呢？平常我们所看见的积雪，一般都要过两天才会慢慢融化掉，融化了之后，地上还会有水渍。可是沙漠中的雪，才给金黄的沙地盖了一层被子，转眼地面上就一点痕迹都没有了，就好像之前看见的都是“海市蜃楼”。这是怎么回事呢？原来呀，这与沙漠中的蒸发量有关。在沙漠里，蒸发量特别大，雪落在沙子上，很快就会蒸发掉。因此，人们很少看见沙漠中的积雪景象，就认为沙漠中从来没下过雪。

小贴士

沙漠只有夏冬两季时间长。沙漠里的四季，和同纬度别的地方也有很大不同。因为沙漠地区太干了，没有水分调节，春、秋两季加起来也只有 2 个半月到 3 个月，剩下时间都是夏冬两季。

沙漠就一定是黄色的吗

随着我们对沙漠认识的进一步加深，我们知道了地球上除了有黄色的沙漠，还存在其他颜色的沙漠。

▼ 辛普森沙漠

▲ 卡拉库姆沙漠

▼ 亚利桑那沙漠

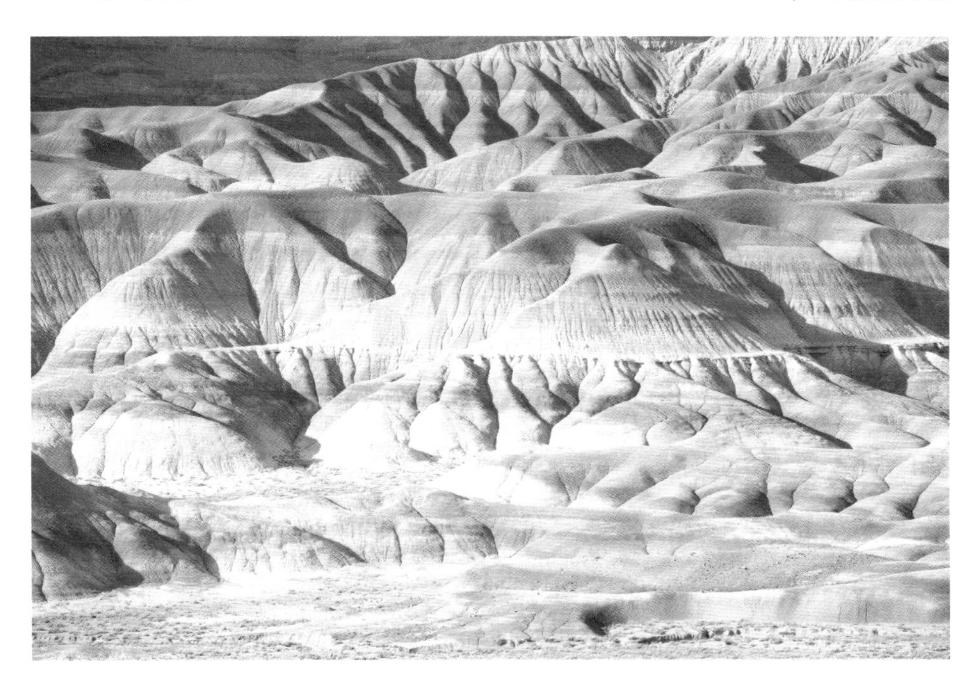

为什么沙漠会有各种各样的颜色呢？因为沙漠里的沙主要是由岩石风化而来的，而岩石里含有各种颜色的多种矿物质，因此造成了沙漠有各种各样的颜色。比如，澳大利亚的辛普森沙漠的沙子就是红色的。这是因为辛普森沙漠的沙子里含有铁，而铁被氧化后呈红色，所以辛普森沙漠又被称为“红色沙漠”。除此之外，像中亚的卡拉库姆沙漠则主要是由黑色岩石风化而成，所以它是黑色的。埃及的法拉夫拉的沙子则呈奶油一样的雪白色，铺在地面上，就像是一块巨大无比的奶油蛋糕，和周围的黄色沙漠形成了鲜明的对比。这里的沙子之所以呈白色，是因为其主要成分是石灰石。而美国的亚利桑那沙漠因为沙子里含许多种颜色的多种矿物质，呈现出了绚丽多彩的颜色。

谁说沙漠里只有黄沙？沙漠的多变和美丽让人不禁叹为观止！

水比沙子还多的沙漠在哪里

我们可以在海洋里、河流中游泳，也可以在游泳馆里游泳，但你一定没有尝试过在沙漠中游泳吧。更让人难以想象的是，在巴西这样一个占世界淡水资源30%，且拥有世界上最大的热带雨林的国家，竟然也有一片沙漠。而在这片沙漠里，拥有大大小小近千个湖泊。

巴西的马拉赫塞斯国家公园占地面积1500平方千米，里面多见雪白的沙滩和深蓝的湖泊。人们可以躺在松软的沙滩上，也可以尽情地游弋在清凉的湖水中，就像在海边一样自在。这里一片片晶莹剔透的湖泊就是这片沙漠和普通沙漠的不同之处，尽管有沙漠般的外表，但马拉赫塞斯每年的降水量达到 1600 毫米，是撒哈拉沙漠的 300 倍。这些丰沛的雨水注满了沙漠中的洼地，形成了大大小小近千个湖泊。

但到了干旱季节，这些湖水就会完全蒸发掉，这时候的马拉赫塞斯就是一个名副其实的沙漠了。神奇的是，湖水干涸之后，那些原本生活在湖泊里的鱼类也随之消失了。可雨季一到，它们又都回来了，就像从来没有离开过似的。这又是怎么一回事呢？对此，有一种解释是，旱季时，鱼和虾的卵隐蔽在沙子里，到了雨季便孵化出来，就好像原来的那些又回来了一样。

▼ 马拉赫塞斯国家公园里的沙漠

这就是巴西最美丽的千湖沙漠，可以游泳的沙漠，拥有最纯净的蓝和最纯净的白的沙漠。

天空之镜——被盐覆盖的沙漠

听说过乌尤尼盐沼吗？它是世界上最大的被盐覆盖的荒原，地处高原之中，广阔且近乎平坦，与天空浑然一体，是一片白色的沙漠。而它也有一个美丽的名字——“天空之镜”，如此特别的沙漠，它在哪儿呢？

玻利维亚是南美洲的一个内陆国家，在它西南部的一个小镇很受人们的欢迎，每年都会有很多外国游客不远万里来到这里。这个小镇的名字就是“乌尤尼”，乌尤尼盐沼就位于小镇附近。

乌尤尼盐沼呈月牙形状，海拔 3656 米，长 250 千米，宽 100 千米，面积 10582 平方千米，是古老的明钦湖干涸而成。由于面积大，表面光滑，反射率高，覆盖着浅水，以及最小的海拔差，使得这里成为一个理想的测试和校准地球遥感卫星之地。

每年 12 月至次年 1 月的雨季，乌尤尼盐沼都会被雨水注满，形成一个浅湖。雨后的天空分外清爽，湖面就像镜子一样，反射着美丽得令人窒息的天空景色。而到了旱季（每年 7 月至 10 月），湖水就会干涸，留下一层以盐为主的矿物硬壳。此时，人们或漫步于盐滩之上，或驾车驰骋其中，真是人生难得的体验！

既然说乌尤尼盐沼是沙漠，那它肯定也有一些沙漠的特性。这里气候干燥，而且昼夜温差极大，除了一些仙人掌，没有其他植物的身影。不过当你漫步在这盐沼的天地，沉浸在这宁静的纯白世界中时，就会彻底忘记这份荒凉，反而会被这令人窒息的美丽所折服。

在乌尤尼盐沼，你感受到的是世外桃源般的纯净与美丽。

▼ 乌尤尼盐沼

第七章

地球脊梁——山脉

在漫长的地球历史中，从形成到消亡，山脉始终处于不断变化当中。雄壮秀丽的山脉像是一本无字巨著，无言地呈现出万千景象，在向人们讲述着地球与自然的演变进程。

地壳板块发生剧烈的碰撞，于是山脉隆起并不断扩张。巨大的山脉岩体，在阳光、水、风等外力的作用下，逐渐走向消亡，最后竟崩裂为岩屑、泥土！在这一过程中，山脉慢慢地从幼年走向老年。幼年山脉经历了什么，才变成老年山脉？它们之间又有什么差异呢？有没有会燃烧的山？有没有会发光的山？……

什么是山脉

喜欢旅行的人大多对山间景观相当熟悉，那壮美的景观及其独特的生态系统，都给人们留下了难以磨灭的印象。

山脉是沿一定方向延伸，呈脉状的山群。它是由若干条起伏的山岭和山谷组成的。除了陆地上的山脉之外，从海洋中凸出的部分也都是山脉。

根据形成方式的不同，山脉可分为褶皱山脉、火山山脉、断

层山脉和冠状山脉四种类型。其中，褶皱山脉最常见，它是由于板块互相碰撞挤压而成的。雄伟高峻的喜马拉雅山脉就是典型的褶皱山脉，它是由印度洋板块与亚欧板块相互碰撞而成的。

有出生就有衰老，山脉也不例外。由现代造山运动形成的年轻山脉，由于经受风、雨、冰等自然作用力剥蚀的时间较短，大多显得高耸而棱角分明，就像锯齿。而老年山脉则因受风化侵蚀的时间较长，它们多显得低矮而圆滑。

当然，几条相邻的山脉可以组成一个山系。阿尔卑斯－喜马拉雅山系横跨欧、亚、非大陆，其中包括欧洲的阿尔卑斯山脉、非洲的阿特拉斯山脉和亚洲的喜马拉雅山脉等几个著名山脉。

▼ 山脉

山脉有长幼之分吗

当欣赏秀丽的山脉风光时，人们往往会惊叹它的壮丽。可是，它最初的“容颜”是怎样的呢？我们知道山脉是不断变化的。那么，它们是如何从“幼年”慢慢走向“老年”的呢？

在地质学上，一般把大约形成于 3 亿年前的山脉称为老年山脉，而 6000 多万年以后的山脉称为幼年山脉。老年山脉与幼年山脉相比，差别大着呢！幼年山脉的山体高大，地势陡峭，多险峻的山峰；而老年山脉较低矮，起伏和缓。

你知道险峻陡峭的幼年山脉为什么会逐渐变得低矮而平缓吗？

山脉是由一块块的岩石构成的。因此，岩石破碎就是山脉变

▼ 世界上最年轻的山脉之一 ——喜马拉雅山脉

化的主要原因。由于长期遭受风吹日晒雨打等外力侵蚀，山脉险峻突出的部分被剥蚀掉，慢慢地变得低矮。

世界上最古老的山脉之一喀里多尼亚山脉，年龄为3.9亿至4.9亿岁。但是，由于海陆变迁和冰川侵蚀等原因，曾经高大的山脉仅留下些遗迹，比如北欧低矮的斯堪的纳维亚山脉。而喜马拉雅山脉是世界上最年轻的山脉之一，它形成于距今2000万至3000万年。

今天，很多山脉依然处于由幼年向老年的变化中！

喜马拉雅山脉居然有贝壳

喜马拉雅山脉是世界上最年轻、最雄伟的山脉之一，但古生物学家和地质学家居然在这里发现了距今5000万年前生活在古海洋里的生物化石，如珊瑚、海百合、苔藓虫、层孔虫、蜓科和腕足类贝壳等。这是为什么呢？

原来喜马拉雅山脉所在的地方曾经是一片汪洋大海，称为古地中海。那里没有人类活动和环境污染，一切都显得和谐自然，山绵延不绝、树枝繁叶茂、海清澈见底……汪洋大海里居住着数以万计的生物，贝壳也无忧无虑地生活着。

千万年间，地壳一直在缓慢地运动着。大约在新生代古近纪末期，印度洋板块向北俯冲与亚欧板块相互碰撞着，产生强大的南北向压力，板块交界处不断上升、隆起——海水退去，大地

▲ 喜马拉雅山脉的鹦鹉螺化石

上升，青藏高原慢慢隆起，逐渐形成了今天的喜马拉雅山脉。因此，原先的海洋变成了高山，在山顶发现贝壳也不足为奇了。

当然，山脉、高原并非一朝一夕就能形成，而是历经千万年，过程相当缓慢。科学家对喜马拉雅山脉重新进行测定时，发现山脉还在以每年一二厘米的速度不停地生长呢！

喜马拉雅山里有雪人吗

在喜马拉雅山，传说有这样一种神秘的生物，它们周身长满棕红色或者灰白色的毛发，头颅尖耸，四肢强健，能像人一样直立行走，甚至能在雪地丛林中健步如飞。它们就是喜马拉雅雪人，也称“夜帝”，藏族同胞则称它为“米贵”。

有人说，喜马拉雅山里有雪人纯属无稽之谈。但是，也有人认为雪人确实是存在的。那么，喜马拉雅山里究竟有没有雪人呢？

日常生活中，我们听到过一些有关雪人的报道。它们通常是源于某种特殊的足迹被发现或是毛皮被提供。当然，也有当地人“偶遇”到这种神秘的生物。不过，寻找“夜帝”的探索者中仍没有人当面遭遇过雪人。这一切吸引着无数探险家来到喜马拉雅山，试图找寻出雪人。

意大利著名登山家莱因霍尔德·梅斯纳表示，历经12年的追踪与探索，他已经揭开了雪人之谜！所谓的“雪人”不过是喜马拉雅棕熊而已，雪人是不存在的！中国科学探险协会王

▼ 喜马拉雅山脉

方辰研究员认为，雪人很可能和古代的巨猿有关系，它们有可能是巨猿的后代。巨猿不是人类的祖先，但却同人类的祖先有“亲戚”关系。直到今天，依然有无数的科学家和探险家前往喜马拉雅山脉探索雪人是否存在。

“愚公移山”中移的是哪座山

在《列子》一书中，记载了这样一则寓言：年近九十的愚公，因为家门口有太行、王屋两条山脉的阻挡，他想要把它们给铲平。这里所提及的太行山脉是真实存在的，还是作者杜撰的呢？

其实，太行山脉是真实存在的。今天，它就位于河南省、山西省和河北省的交界处。北起北京的西山，向南一直到达黄河的北岸，山脉绵延700余千米。

太行山脉还是中国重要的地理分界线呢！中国大致分为三级阶梯，地势逐级下降。而它就位于二、三级阶梯的分界线上。太行山以西的地势比较高，以东则分布着广阔的平原，地势非常平缓，很适宜人们居住。

远远地看过去，太行山就像是一条青色的巨龙。山区内道路非常曲折，常常被高山或者流水阻断。

整个太行山区风景非常漂亮，不仅有如海的森林、鬼斧神工的悬崖，还有姿态万千的山石、气贯长虹的瀑布等。此外，闻名于世的“人工天河”——红旗渠，就是在这些悬崖峭壁中修筑而

▲ 太行山

成的，它可是人们智慧与汗水的结晶。

想象一下吧，愚公要把这样一座山移掉得有多难啊！

为什么山区气候复杂多变呢

中国是一个多山的国家，山区面积约占全国总面积的70%。山区的面积是如此辽阔。关于山区的气候，你了解多少呢？

夏天炎热的时候，人们经常到哪里避暑呢？对了，是海边或者山区。

为什么人们愿意来山区避暑呢？原来，夏季山区的温度比平原低，阳光强度也弱，很少出现酷暑的天气。

山区的气候最大的特点就是复杂性。山区的气候就像是小孩子的心情，非常多变。天气前一刻还是好好的、艳阳满天，后一刻就可能有瓢泼大雨出现。

对于同一条山脉，坡向不同，气候就会存在着明显的差异。比如冬季秦岭的南北坡就像是两个季节。虽然北坡气候严寒，气温已经低至零下了，然而南坡依旧是气候温和，河水未结冰，树木未落叶。

如果山脉足够高的话，在同一座山上，你甚至可以同时体

▼ 复杂多变的山区气候

验到春夏秋冬四个季节的气候！仅就海拔高度而言，山脉每升高 1000 米，温度大约就下降 6 摄氏度。假如山脉平均海拔达到 5000 米，山脚与山顶就存在 30 摄氏度的温差，其间不就涵盖了一年四季的气候了吗？

山区的气候真是太多样了！现在对于山区的气候，你有更深的认识没有？你还发现山区的其他气候特点了吗？

小贴士

什么是焚风

焚风是山脉地区一种又干又热的气流，它常常以阵风的形式出现在山脉背风坡。湿润空气在“爬”迎风坡时，水汽易凝结成云雨。到达山顶后，空气已变得比较干燥了。过山气流从山顶沿背风坡下沉，平均每下降 1000 米，温度升高约 6℃。因此，山脚的空气变得更加干燥和炎热了。一般在中纬度相对高度不低于 1000 米的山脉，有可能发生焚风效应。

焚风的影响很大，干而热的焚风吹起来，能使树叶枯萎焦灼、土地龟裂，甚至引起森林火灾和严重旱灾。在中国台湾的一些地区，人们把焚风也叫作火烧风。但焚风有时也能带来益处。程度较轻的焚风，可以提升当地热量，不仅可以促进春雪消融，还可以加快作物生长。

赤道附近的山脉有雪吗

在人们的常识当中，赤道应该是地球上最热的地方，似乎整天都处于“赤日炎炎似火烧”的状态！在赤道附近能欣赏到晶莹夺目的雪吗？

答案是肯定的。位于赤道地区的乞力马扎罗山山顶就能看到美丽的雪景。烈日照耀下的赤道，年平均气温超过 20 摄氏度，怎么会终年有冰雪呢？

原来，温度不仅与纬度有关，还与海拔有关。海拔越高，气

▼ 被冰雪覆盖的乞力马扎罗山的山顶

温越低。而乞力马扎罗山素有“非洲屋脊”或“非洲之王”之称，它的山脚与山顶的温差达到将近 30 摄氏度！因此，乞力马扎罗山的山顶终年有积雪。这让人们在炎热的赤道附近也能欣赏到冰雪闪耀的奇景！

其实，乞力马扎罗山的峰顶是一个火山口。那里气温终年处于 0 摄氏度以下，被冰雪所覆盖，白雪皑皑，温度最低可达零下 34 摄氏度。火山口周围有许多长年不化的圆柱形大冰块，有的高数十米，就好像是一座座巨大的冰塔。正午，山上的冰雪在强烈阳光的照射下，发出银白色的光芒。远远地望去，就好像山脉正戴着一顶晶莹的“雪冠”。

这美不胜收的奇景吸引着世界各地的游人前来观赏乞力马扎罗山的动人神韵！

雪崩是怎么形成的

雪崩，指大量雪体下滑崩塌，是积雪山区的一种严重自然灾害。有的地方又把“雪崩”叫作“雪塌方”“雪流沙”或“推山雪”。根据成因不同，可以把雪崩分为湿雪崩（又称块雪崩）、干雪崩（又称粉雪崩）两种类型。

雪崩，往往始于覆盖着白雪的斜坡。开始的时候，先是出现一条裂缝；接着，巨大的雪体开始滚动；最后带动周边的雪，形成一条直泻而下的白色雪瀑，呼啸着一同向山下猛冲。雪崩速度

▲ 雪崩发生时的景象

可达 349 千米 / 小时，因而破坏力极大。它能掩埋房舍、交通线路，摧毁通信设施和车辆，甚至堵截河流，造成临时性的洪水等。

雪崩常常发生在高山积雪多而厚的部位，比如高高的雪檐、坡度为 50~60 度的雪坡。如果积雪分布在比较平缓的山丘上，几乎不会发生雪崩现象。当然积雪也不可能堆在陡峭的绝壁上。

除了积雪量与山脉坡度外，阳光辐射也是形成雪崩的重要因素。厚厚的积雪经阳光照射后，表层雪融化后渗入积雪和山坡之间，从而使积雪与地面的摩擦力减小。积雪的稳定性减弱，也容易造成积雪层整体下滑。所以，夏季容易发生雪崩。

▲ 天然彩色宝石

稀有的山中宝石

在人类的装饰品中有着各种琳琅满目的宝石。早在北京周口店距今 3 万年的山顶洞人遗址中，考古学家就发现了用动物牙齿和砾石串成的项链，这估计就是最早的“宝石”制品了吧。

宝石指凡是经过琢磨雕刻可以制成首饰和工艺品的材料，在古代泛指珍贵的石头。宝石也是石头，只不过它们和普通的石头有些差别而已。一般被称为宝石的石头都具有以下一些特点：坚硬、稀有、颜色美丽，并且化学性质十分稳定。

宝石可以分为天然宝石和人工宝石，岩层中“藏着”的自然是天然宝石了。天然宝石包括钻石、彩色宝石和玉石三大类。钻石是由纯净的碳单质形成的，它集富贵、典雅、恒久等特点于一身。钻石制品现在已经被视为忠贞、长久爱情的象征；彩色宝石是指那些出产就带有纯正颜色的宝石，常见的有红宝石、绿宝石、海蓝宝石等，它们常常作为项链的镶嵌品；玉石是指翡翠和白玉等集合体矿物。在中国，玉的种类很多，有很多名贵珍品。

宝石的种类虽然有很多，但是在全世界发现的2000多种矿物中，只有不到200种可以被称为宝石。它们十分稀有，自然也是价值连城，这也就是我们常说的“物以稀为贵”吧！

你听说过“鸳鸯矿物”吗

在山脉矿物中，有一对形影不离的矿物。它们犹如一对鸳鸯般共生共存。在《本草纲目》中，李时珍将它们比作“造化有

◀ 雄黄雌黄合体

夫妇之道的矿物”。它们就是雌黄和雄黄。虽然它们是“鸳鸯矿物”，但它们有时候却是可以分开而生的！

雄黄，又称“石黄”“鸡冠石”，通常呈现为粒状、块状或晶簇状的集合体形式；而雌黄多以晶簇状、短柱状、板状或片状集合体出现。雄黄的颜色较为鲜艳，呈现红色或橘红色；而雌黄则呈柔和的柠檬黄色。雄黄晶体的表面闪耀着金刚的光泽，断截面处有明显的油脂光泽。另外，雄黄长期受光照后会变成橘红色粉末，因此它又有“矿粉”之称。

“鸳鸯矿物”的作用大着呢！中国很早就开始使用雄黄与雌黄了。雄黄是传统、常用中药材，具有杀菌、解毒的功效。端午节民间也有喝雄黄酒来辟邪的风俗。而雌黄可以像修改液一样，用来擦掉文字。“信口雌黄”就是因此而来的呢！现在，它们也被广泛地应用到工业中去。

中国罕见的特大雄黄晶体是在湖南石门发现的，其长、宽、高分别是 8 厘米、5.4 厘米和 3.5 厘米，重约 255 克！现在，它被收藏在北京大学地质博物馆内。

沉积岩中藏了哪些宝贝

沉积岩又称为水成岩，是三种组成地球岩石圈的主要岩石之一（另外两种是岩浆岩和变质岩）。与岩浆岩和变质岩相比，沉积岩所含的矿产占世界全部矿产蕴藏量的 80%，是名副其实的宝库。沉积岩不但有丰富的煤、石油和天然气，而且铁、铝、铜等矿产资源也占有很大的比重。

在现代，煤被称为“工业粮食”，不但可以用来取暖、做饭，还可以用来提取焦炭以及成千上万种化工产品。你知道吗？我们身上穿的五颜六色的衣服，有很多就是从这些又黑又硬的煤炭中提取出原料的。

除了丰富的矿产资源，沉积岩中还保存着大量的化石资源。化石资源可是有着极其珍贵的文化价值！通过对化石进行研究，我们不仅可以了解人类的历史，而且可以洞悉未来，指导我们更好地生活。

▼ 沉积岩

石头也能变成“爆米花”

山脉中的蛭石往往是以片状存在的。它们外表的颜色多样，有褐色、暗绿色、金黄色等，大的蛭石大约有十几厘米，但小的大约仅有几微米，就像是细微的土壤粒。神奇的是，当人们把蛭石的碎片加热到 300 摄氏度时，薄薄的碎片就会迅速地膨胀 10~20 倍，最高甚至可达 40 倍，就像是膨胀开来的爆米花，还能浮在水面呢。

那么，蛭石为什么会有这种特性呢？这还要从蛭石的内部结构来说起。蛭石是层状结构，石体内部存有水分子。当加热时，蛭石内部的水分子就会慢慢地蒸发。然后，水汽向外产生较强的推力，使蛭石膨胀开来，就像是一粒粒金黄色的爆米花。

蛭石虽然不能吃，但是用处可大着呢！它被广泛地应用于社会经济各个部门。由于蛭石的密度比较小，仅为砂石的 1/7，所以被广泛地当作轻型建材。又因为它的隔热性能好、隔音效果强、阻燃性能优，可以作为优质的建筑材料制作成砖块、屋顶、墙体。

小贴士

具有“爆米花”特性的山岩还有珍珠岩。根据蛭石的特性，你想一想，为什么珍珠岩也能像“爆米花”一样呢？

▲ 膨胀以后的蛭石颗粒

▼ 被切成薄片的蛭石

能燃烧的山存在吗

山给人的第一感觉就是硬、凉，怎么能“燃烧”呢？那么，到底有没有可以燃烧的山呢？当然有了，由油页岩组成的山就能燃烧！

为什么由油页岩组成的山能燃烧呢？原来，油页岩主要是由有机质沉积而成的。藻类等有机物经腐化作用，与掺入的粉沙、淤泥等形成腐泥物质，后经成岩作用而生成油页岩层。它是一种高碳质的沉积岩，因此可以燃烧。

当闪电击中山脉油页岩时，会瞬间产生高温，促使山体中的碳和空气中的氧结合，使山体发生燃烧，并释放热量。原来这就是山脉燃烧的奥秘啊！

▼ 油页岩

可别小瞧了这样的山脉，它们可浑身是宝！由于能燃烧，并且会释放出热量，它们和煤是不是很相像呢？这样的山脉可是石油和天然气的重要替代资源呢！据估计，3 千克的山体油页岩燃烧所产生的热量就相当于 1 千克标准煤的发热量，而 5 千克山体油页岩燃烧就能产生 1 千克石油的发热量……

除油页岩外，碳酸盐岩和煤系泥岩中也有石油。一般来说，在那些富含有机质、腐殖质和古生物化石的沉积岩中，都有可能蕴藏着石油。石油并不是单独存在的，在产油的大型岩矿中，往往还有天然气和煤炭资源来“做伴”。

当然，这样的山脉不仅能用来炼石油、燃烧发电，还可用于建材制造、废气和污水处理等。

会发光的山

萤石是一种山脉矿物，由萤石组成的山脉会发光！它的主要成分是氟化钙，所以又被称为氟石。萤石的晶体结构表面存在着许多“空洞”，铁、镁、铜等离子就很容易填充裂隙，把萤石染成各种颜色。如果你把各种颜色的萤石全部都找齐，它们组合在一起比彩虹还要美丽呢！因此，很多人也称萤石为“彩虹宝石”。

那么，萤石是如何形成的呢？它们是在火山活动中形成的。当岩浆溶液沿山脉裂隙上升的时候，它会分离出许多物质，其中

▲ 萤石

又以氟离子为主。氟离子与山体中的钙离子相结合，然后冷却结晶，就形成了萤石。

但并不是所有的萤石山脉都能发光，只有当萤石中含有一些稀土元素时，它才能像萤火虫一样，在黑夜里发出荧荧的光线。而这荧荧的光线就是磷光。所以，远远望去，就像山脉自己能发出光亮一样！

第八章

地下暗世界——洞穴

人们常常用“鬼斧神工”来感叹大自然的奇妙。大自然是一个技艺高超的艺术家，勾勒出了令人叹为观止的奇山、秀水、莽林。大自然又把另一番奇思妙想偷偷地埋藏在了地下，幻化成了那一个个令人瞠目结舌的溶洞。溶洞真是大自然最瑰丽的艺术品之一。准备好你的赞叹，让我们对溶洞进行一番科学探索吧！

水滴石穿——溶洞是如何形成的

从科学上讲，溶洞这种奇观到底是怎样形成的呢？其实它的生成原理并不复杂，溶洞主要存在于石灰岩地区，石灰岩的主要成分就是碳酸钙，而碳酸钙在一般情况下是不能够像糖一样在水中溶解的，那么“不一般”的又是哪种情况呢？那就是当它遇见水和我们呼吸产生的二氧化碳的时候。在这种情况下，它就会在水中“隐身”，也就是说它像糖一样在水中消失了。但是当外界的温度升高或者外界的压强变小的时候，它就又出现了。很神奇

▼ 被水腐蚀的石灰岩

吧！其实，碳酸钙并没有孙悟空的“七十二变”，它消失只是因为变成了另外一种物质——碳酸氢钙。而碳酸氢钙是可以溶解在水中的，所以我们就看到碳酸氢钙在水中凭空消失了，之后它又变回碳酸钙，我们就又看到它了！

在自然界亿万年的漫长历程中，不断交替地发生着这两个变化，于是就有了我们看见的溶洞的各种千奇百怪的造型，像桂林的七星岩、芦笛岩，宜春的竹山洞等，里面千奇百怪的石景就是这样形成的。

喀斯特地貌——被水雕刻出来的自然奇景

如果说溶洞是大自然比较含蓄的表达，那么喀斯特地貌中那凸显在地表的石林则是更张扬的倾诉！“张扬”的喀斯特地貌是怎样形成的呢？其实，喀斯特地貌的形成过程还是挺曲折的！

在最初的时候，地表的水会顺着石灰岩中的缝隙和二氧化碳一起对石灰岩进行作用，恣意地勾勒着它想要的模样。经过漫长时间的腐蚀作用，原本平整的石灰岩会出现一条条深深的溶沟，而原先的石灰岩也会由于溶沟的分割而变成一个个独立的石柱或者石笋。然后地表水继续着它的“创作”历程，当它流到一个叫作含水层的区域时，它就不再向下流动，而是变换方向水平流动，但它的腐蚀性却丝毫没有减弱！于是，它像一位雕塑家找到了新的原始素材那样，兴奋地挥舞起了“刻刀”，把石灰岩“雕

▲ 广西阳朔的喀斯特地貌

刻”成了一个个绚丽的溶洞！经过亿万年的地壳运动，原先深埋在地下的溶洞被抬出地表就形成了那令人震撼的石林景观。云南的路南石林就是这样形成的。而原来的地下河凸出地表后，造型会更加奇特，广西桂林的象鼻山就是一个这样的杰作。

“原始博物馆”——听溶洞“讲”过去的事情

溶洞是大自然送给我们最贵重的礼物之一，它就像一个百宝箱，不经意间就给我们带来惊喜。下面就让我们来盘点一下这个百宝箱里都有些什么吧！

溶洞被称为“原始博物馆”是名副其实的，因为人们能从它们的身上“读”到来自远古的信息。

溶洞的形成最少要经历上万年，这期间的气候变化会通过其岩层状况被清晰地显示出来。如果溶洞中有鱼类化石，则说明在一段时间内那里可能是汪洋一片；如果是一些在热带草原上生活的动物的化石，则说明在那一段时间里降雨量可能比较少。在中国腾龙洞支洞发现了第四纪中更新世的哺乳动物化石，化石物种为大熊猫、东方剑齿象、苏门羚，另外，还有熊科、鹿科、牛科等动物化石，地质年代至少在20万年以前！从沉积物的种类可以看出各个时期的植被等情况。当然，这只是一种简单的推测方法，科学家们还有很多更专业的手段来获取更全面的信息，比如最常用的一种同位素法等。

▼ 洞穴人的家庭生活

此外，溶洞也会留下远古人类生活过的痕迹。比如在美国肯塔基州的猛犸洞，人们就发现了鹿皮鞋、用过的火把、简单的工具和干尸遗体。而在法国拉斯考克斯洞窟中发现的壁画，则让我们了解了史前人类的艺术形式。

小贴士

猛犸洞——世界上最大的溶洞

世界上最大的溶洞叫作猛犸洞，位于美国中部偏东的肯塔基州西南部。因为洞穴体积庞大，所以人们就以远古时候的动物“巨无霸”——长毛巨象猛犸为其命名。猛犸洞已探明的部分全长约有 252 千米，占地面积约有 264 平方千米，而且它的长度仍在不断探测中！猛犸洞不仅以“大”著称，神奇而美丽的洞内景色也是它“成名”的推力之一。

溶洞总是“冬暖夏凉”吗

人们都说溶洞是避暑胜地。想想看，在夏天我们被炙热的阳光烤得汗流浃背的时候，一进溶洞口，立马就有天然的凉气扑面而来，这样一个天然“大冰箱”是不是很惹人喜爱呢？

▲ 冰洞

▼ 腾龙洞

如果说夏天的溶洞是一个天然的“大冰箱”，那么在冬天是不是就会成为一个温暖的“大火炉”呢？在湖北省五峰土家族自治县的白溢寨，有几处“冰洞”，每逢盛夏，“冰洞”都会寒气袭人，俨如严冬；可是，到了天寒地冻的隆冬，洞内竟升起腾腾热气，仿佛仙气环绕，洞口周围的鲜花和青草更是凭着这股热气而生机盎然！慕名前来“冰洞”探奇的人无不为之惊讶。

像上述冰洞这样“冬暖夏凉”的溶洞的确广泛存在，但并不是说所有的溶洞都是这样。湖北省利川市的腾龙洞就没有这种冬暖夏凉的效果，它终年温度保持在 14 ~ 18 摄氏度。而山西省宁武县海拔 2300 米处的那个溶洞则是一个“万年冰洞”。据推测，该溶洞形成于新生代第四纪冰川期，距今约两三百万年，它一年四季都是冰雪的世界，并且冰洞越往下延伸，冰的厚度就越大，且终年不化。

大自然的“眼泪”——钟乳石

钟乳石是溶洞中最常见的形态之一，它悬吊在溶洞中。那它是如何形成的呢？

有一种非常浪漫的说法是钟乳石是大自然的“眼泪”凝结而成的。当然，真实的情况是，它是由溶洞顶端缝隙中的地下水蒸发后形成的。

我们知道溶洞主要形成于石灰岩组成的山地中，而在石灰岩

▲ 钟乳石上的文石晶体

的洞顶总是会出现很多的裂缝。而每一处缝隙中都会有包含石灰质的水滴不断地渗出来，水分蒸发后，那里就留下了一些石灰质沉淀。一滴、两滴、三滴……天长日久，终于生成一个“乳头”。这就是钟乳石最初的模样。之后，乳头外面又不断地重复着积累的过程，石灰质一层包一层，越垂越长。有的钟乳石的长度能达到好几米。

在这个过程中还有一个角色必不可少，那就是地下水。正是由于它的“不辞辛苦”，才能源源不断地把含有石灰质的水从溶洞顶部“搬运”出来。

小贴士

怎样辨别钟乳石的年龄

钟乳石的年龄主要靠其表面的色泽和光滑度来辨别。100万年以内的钟乳石，其外表会显现严重的风化状态。而相对比较“年轻”的钟乳石——年龄大概在15万～30万年，它们的外表被轻微风化，但是并没有层层地脱落。由于它们已经停止“生长”，所以外表色泽一般较深，呈现出褐色或者是灰黑色。年龄在10万年以内的钟乳石，它们的外表色泽比较浅且光滑、坚实。年龄在2000～20000年的钟乳石算是年轻的“生力军”了，它们的外表会显得更加光亮和密实。

钟乳石的增长速度一般来说还是比较稳定的，大约每100年可以生长1～20厘米，也就是说，每1万年才生长1～20米。

泉华是怎样形成的

在溶洞中的泉池旁，存在一种大自然的奇观——泉华。什么是泉华？

泉华是一种疏松多孔的沉积物，主要是由溶有钙或其他矿物质的地下热水和地下水蒸气在溶洞的缝隙或者地表泉池旁形成的。当地下热水流出地表的时候，由于外界环境中的压力变小、温度升高，使得水中的矿物质发生了沉淀，并且慢慢地堆积在了泉池旁，那么这种疏松多孔的结构又是怎样形成的呢？这就不得不说另外两个在泉华的形成中立下“汗马功劳”的植物了，那就是水中的藻类和苔藓。这两种特殊的植物不仅可以加快水中矿物质的沉淀，还有令人“匪夷所思”的举动——把自己也“埋藏”进了沉淀物中去。这样，经过亿万年的风化，它们的遗体逐渐消逝，疏松多孔的结构也就出现了。

说起泉华就不得不提帕姆卡拉大泉台。它位于土耳其的西南部，是世界上著名的泉华旅游胜地。这里有一处泉华，足足有

▼ 帕姆卡拉大泉台

160 多米高！并且覆盖面积达到了惊人的 2 平方千米！这是多么大的规模啊！更加令人惊奇的是，在这 2 平方千米的泉华上到处都流淌着温泉！

溶洞的“落地窗帘”——石幔

落地窗帘在现代的房间装饰中广受青睐。但你知道溶洞中也有它自己设计的“落地窗帘”吗？它们就是石幔！

石幔因它的外形极像布幔而得名，又被称为石帘或石帷幕。这漂亮的“落地窗帘”是怎样形成的呢？其实，石幔的形成过程和钟乳石的形成有很多的相似之处，只不过石幔堆积的位置不同。溶洞顶部缝隙的地下水不断地流下，其中一部分沿着顶部滑

◀ 石幔

到了溶洞壁上，然后顺流而下，在向下流的过程中同样在不停蒸发，于是一部分石灰质便像是“挂”在了溶洞壁上，并且逐渐硬化。后面的水流紧接着从这刚硬化的石灰质上流过，又会有一层石灰质被沉淀下来，就这样一层层堆积，一日日积累，厚重而美丽的“落地窗帘”便悬挂在了溶洞的四壁上！

远远看去，石幔就像是一层层“刷”出来的一样。

永不凋谢的石花

在溶洞的岩壁上，层层叠叠的石花仿佛竞相开放，有的精致如白梨花，有的绽放如黄菊，有的润透如百合。石花“开”不大，小的直径不过 2 ～ 3 厘米，大的不到 10 厘米，不但不会凋谢，而且还在缓慢地生长着。这些让人感到惊艳而又长存于世的石花，看起来真像是有生命的。

石花是一种非常罕见的溶洞形态，由于它的形成条件十分苛刻，所以在全球范围内只出现在极少数的溶洞里。那么，这娇贵的石花究竟是怎样形成的呢？让我们来想象一下吧。在远古的某个时刻，由于环境的变化，在溶洞壁或者钟乳石的末端慢慢地渗出了含有碳酸钙的液滴。这种液滴由于特殊的环境影响，在未落下前便蒸发了，留下了它里面的石灰质随意地斜插在溶洞壁上。就这样形成了石花的花瓣，之后循环往复，越来越多的石花花瓣出现，便形成前面介绍的那种令人惊艳的石花了。至于石花的颜

▲ 石花

色各异，则主要是由于其中所包含的不同成分造成的。它奇特的形成过程早就注定了它的稀有，也注定要比别的溶洞形态形成花费更多的时间。要形成 1 厘米的石花，往往需要几百年的漫长等待，而成型的石花则可能要用数万年的时间来“雕琢”……

所以下次当你看见那绚丽的石花的时候，细细地欣赏吧，欣赏那漫漫岁月的痕迹，欣赏大自然上万年的锲而不舍，到时候不要吝惜你的赞美哦！

人怎么会住在“漏斗”里

漏斗是一种比较常见的喀斯特地表形态，也被称为“天坑”。在一般情况下，漏斗的尺寸不会特别大，但是中国却有一个漏斗奇葩，它大得居然容下了整个村子！

在四川省雅安市芦山县龙门乡，有一个神秘的迷宫——龙门洞，洞口处常向外喷涌着寒冷的雾气。洞内的系统十分复杂，据说还经常会发生失踪事故。这样一个神秘的存在吸引了众多专业的探险家蜂拥而至。一次，探险人员在经历三天的艰苦探索后，终于走通了那个溶洞。当他们走出来，却发现已经进入了一个仿若世外桃源的村子——围塔村。在这里，探险家们进行了短暂的休整，休整中发现自己处在一个巨大的天然漏斗里面，而这个漏斗居然可以容得下面前的这整个村子！芦山县曾是茶马古道上的重镇，为了方便交易，明朝在现在的围塔村村址上设立了太平城。但是，令人费解的是，太平古城只存在了很短的时间就被废

▼ 重庆武隆天坑地缝

弃了，这又是什么原因呢？在经过考证之后他们发现，由于水流的冲刷和侵蚀，围塔村的地下早已被掏空，形成了像蜂窝一样的形状，这样的结构导致其非常容易坍塌。而古人可能也意识到了这一点，于是就逐渐废弃了这座古城。

在不经意间，世界上最大的人居漏斗被发现了。

没有阳光，植物也能生长吗

常年漆黑一片的溶洞中居然生长有植物！你能相信吗？

大家都知道，植物相较动物而言更需要阳光的滋润，因为它们的生长和繁殖都需要借助阳光进行光合作用来提供能量，那

▼ 洞穴植物

么处于长期黑暗的洞穴中，植物又是怎样克服这个困难的呢？其实，相比洞穴中动物种类的繁荣，洞穴中植物的种类要稀少得多。而洞穴中潮湿、长期黑暗、恒温的特点也逼迫植物必须改变本身的形态和组织的结构，并且洞穴中植物并没有办法适应完全没有光亮的洞穴深处，所以它们主要都分布在洞口。随着由外而内光线越来越弱，植物的种类也越来越少。

洞穴中的植物主要是一些喜欢湿润环境的高等植物和孢子植物以及一些低等的单细胞植物，还有一些珍稀的被子植物。比如羊齿植物就属于高等植物，而地衣和苔藓则属于低等的单细胞植物。那么它们又是怎样出现的呢？其实，最早主要是通过水、风、重力或者动物把种子从外面带入洞穴。这些植物本身含有叶绿素，也就是说，它们依旧可以进行微弱的光合作用，所以它们和洞穴外的植物种群并没有本质的区别。

因为艰难所以珍贵，因为顽强所以感动。生命总是能用最坚韧的一面勇敢地面对极端的环境，这是值得我们尊重和学习的。

为什么溶洞中的动物会“害羞”

参加过洞穴探险的科学家经常会发现这样一个奇怪的现象，即溶洞中的动物会本能地躲避光亮和人类，好像十分“害羞”一样，这是怎么回事呢？

其实，认为它们“害羞”，只不过是我们的想象，它们真正

▲ 洞穴鱼

表现出来的其实是害怕和不适应。

首先是不适应灯光。我们知道未开发的溶洞里漆黑一片，而探险家在洞穴中前进的时候必然会使用照明设备，长期不见光的穴居动物对灯光有强烈的不适应感，会本能地躲避，而这躲避的动作则被探险家看成是“害羞”的表现。

其次是因为溶洞中动物种类虽然很多，但是大多数溶洞中却没有像人类这样体形庞大的“怪物”，也是出于保护自身的本能使得动物选择逃离人类的活动范围。

长期黑暗的环境不仅造就了洞穴动物“害羞”的特点，还迫使它们把自身的触觉器官磨砺得越来越灵敏。洞穴鱼的眼睛大都已严重退化，但是它们的嗅觉特别敏锐，能够很容易就探知到水中细微的气味，并且它们的触觉也异常敏锐，能轻松地察觉天敌的接近，然后迅速逃离。洞穴蟋蟀算是洞穴中最常见的动物，它们靠不断抽动的触须来探知周围的环境。

溶洞里的动物眼睛都看不见东西吗

在黑暗的溶洞中，顽强地存在着这样一些奇异的动物，它们没有眼睛或视力微弱，却能够对周围的环境了如指掌……快跟我们一起去看看吧！

首先我们要介绍的是马达加斯加盲蛇，这是一种生活在马达加斯加岛上洞穴里的十分可爱的蛇类。为什么会用“可爱”来形容这种蛇呢？因为它不仅体形娇小，粗细如一根铅笔，身长也只有 25 厘米，并且通身白腻，同时它们还是罕见的专吃昆虫的蛇类哦！是不是很惹人喜爱呢？但遗憾的是，这种蛇类迄今为止只

▼ 洞穴盲虾

被发现过两次。

肯塔基盲虾是一种比较珍稀的洞穴动物。它们现在生活在世界上最大的溶洞——猛犸洞和该洞下的地下洞穴中。这种虾不仅眼盲，并且通身透明。它们现在已经成功地适应了洞穴中漆黑无光的极端环境。不过由于受到地下水污染的影响，它们的生存现状并不乐观。

盲眼穴居蟹也是盲眼动物，和许多的穴居动物一样，它们主要生活在全球各地的漆黑恐怖的水下溶洞中。由于受环境的影响，它们也进化出了一些适应性的身体形态，比如盲眼和褪色。褪色虽然使得它的外表白皙了很多，却也使得它的外观更加阴森可怕。

除了这三种盲眼动物外，溶洞中还有很多奇特的盲眼动物，如盲鱼、盲蜘蛛……是环境造就了它们奇特的外观，也正是由于它们的存在，才使得漆黑的洞穴有了生命之光！

溶洞中的动物真的“出洞即死”吗

在溶洞探险中，看到那奇特的洞穴动物，我们都希望能把它们养在我们的房中。但是很多人发现他们带回去的动物都活不了多长时间就死了。这是不是就是说所有溶洞中的动物都是“出洞即死”呢？

溶洞中的动物大致可以分为四类。

▲ 洞螈

第一类叫作真穴类洞穴动物，像洞穴鱼、洞穴蜘蛛和洞螈等。这些动物一生都必须在溶洞中生活，它们几乎无眼，皮肤很薄且不具有色素，呼吸器官退化变形，新陈代谢也比较缓慢，所以这一类动物是不能带出洞穴的。它们才是真正意义上的“出洞即死”。

第二类动物叫作喜穴类洞穴动物，像蚯蚓和某些蝾螈就属于这类。它们在形态和生态上几乎和洞外的同类动物无异，所以它们既可以在洞内生存，又可以生活在洞外。

第三类就是蝙蝠这样的了，它们由于昼伏夜出，只把洞穴当作一个休息、繁殖的场所，它们被单独划分为周期性洞穴动物，当然，它们也是可以在洞外存活的。

第四类就是外来性洞穴动物了，它们是指那些由于偶然的原因进入洞穴的动物。这类动物就比较杂乱了，由于本身就是洞外动物，所以它们只能在洞穴外围存活，并不能长期生活在环境极端的洞穴中。

虽然不是所有的动物都是“出洞即死”，但是把它们带出洞穴本身是不值得提倡的行为。

为什么说蝙蝠是溶洞中的“霸主”

老虎是丛林之王，狮子是草原之主，那么在漆黑的溶洞中，究竟有没有一种像它们一样“称霸”的动物呢？答案就是蝙蝠！你肯定会好奇，为什么看似柔弱的蝙蝠会成为溶洞中的霸主呢？

我们要先了解一下溶洞中动物的关系。自然界中各种生物通过吃与被吃的关系被紧密地联系在一起，组成一条有序的链条，我们称之为食物链，就像我们吃牛肉，牛吃草，我们和牛还有草就组成了一条食物链。

在洞穴环境中，动物种类稀少，食物链也就很简单。微生物和一些菌类是食物链的最底层，它们是食物链的第一级，也就是说，其他动物所获取的能量都是直接或间接从它们身上得来的，而它们则主要靠分解地下水中漂流的动植物遗体和其他动物的粪便为生。比它们高级一点的是洞穴中的蟑螂、蟋蟀和一些小昆

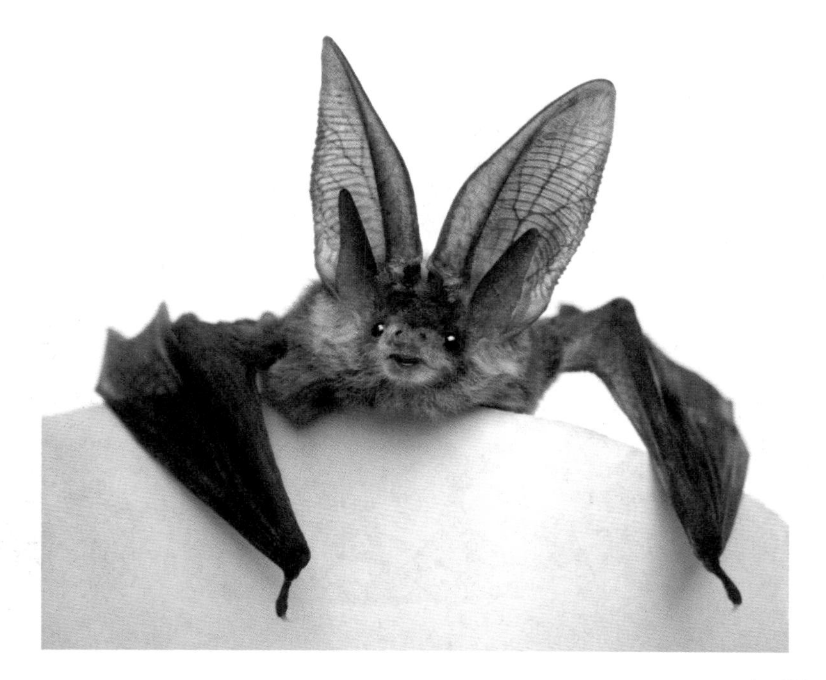

▲ 蝙蝠

虫，它们组成了食物链的第二级。比这些生物高级一点的就是蜈蚣和马陆这些比较“凶悍”的动物以及水中的盲鱼等，它们可以食用上一级的蟑螂和蟋蟀，组成了食物链的第三级。最后要出场的就是溶洞中的霸主了，它们就是蝙蝠和盲螈，它们位于食物链的最顶端，几乎没有天敌，但是盲螈数量比较稀少，所以蝙蝠就成为当之无愧的“一洞之主”了！

“山中无老虎，猴子称大王！”蝙蝠就是在这样的情况下才理直气壮地坐稳了“洞中霸主”的位子。

▲ 洞穴人生活场景（复原图）

早期人类为什么要住在洞穴里

在那没有钢筋没有水泥没有混凝土的岁月里，人类的祖先会居住在哪里呢？他们是自己搭一个简易的窝棚，还是直接住进洞穴里呢？

实际上，洞穴一直以来都是所有原始人类的主要居住场所！为什么人类的祖先会选择洞穴来作为自己的容身之所呢？这里面有人类祖先自己的考虑。

首先是生活条件所迫。在那些寒风凛冽的日子里，温暖的火堆是抗寒不可或缺的，并且一旦火堆熄灭，要想重新点燃，在那些岁月里是十分困难的，所以他们需要洞穴这样一个能够遮风挡雨的地方来对抗恶劣的环境。

其次是由原始人类在大自然中扮演的角色而导致的。虽然原始人类在很多的科幻电影中都被描绘成是捕捉巨大的猛犸、熊和狮子的传奇猎人，但是实际上在很多时候，原始人类充当的是猎物的角色而不是猎人，洞穴就有了另一个很重要的作用——隐藏自己的行踪以避免被凶猛的肉食动物发现。

最后，原始人类的群居生活要求必须有一个相对稳定的地盘来发展自己的种群，而洞穴恰恰可以提供这个条件。想象一下，在那远古的某个傍晚，为食物奔忙一天的男人背着或多或少的猎物返回洞穴，小孩在来回地收集干草以保证火堆的持续燃烧，妇女则在火堆旁就着火光，用骨针做着一件兽皮衣裳，是不是别有一番温情呢？

可以说，是洞穴延续了人类的进化之光，也是洞穴保留了远古人类的丝丝温情。

谁是最早的溶洞艺术家

或许仅仅是好奇，或许是出于某种目的，人类的祖先在洞穴中留下了自己的文明印记——洞穴壁画，一幅幅壁画虽然简单异常，却闪烁着艺术的光芒，那么究竟谁才是最早的溶洞艺术家呢？又是谁画下了人类历史上浓墨重彩的第一笔呢？

现今发现的最早的洞穴艺术之一是西班牙北部地区的那些红色“涂鸦”，它们距今有大约 40800 年。之所以称之为“涂鸦”，是因为它们实在是太过于简单了，简单得甚至都不能称为壁画。其中，有的是将颜料喷在岩石上形成碟形图案，有的是把手按在岩壁上然后喷洒颜料留下手形图案，就像是牙牙学语的小孩子信手涂抹一样。那么这些“涂鸦”究竟是什么人创作的呢？科学家推测是尼安德特人。

尼安德特人是曾经生活在欧洲大陆和亚洲部分地区的一种古人类，大约在 3 万年前消失。如果这些洞穴壁画真是出自尼安德特人之手，那么对于研究尼安德特人的文化将是非常宝贵的资

▼ 早期人类在洞穴中留下的岩画

料。同时，洞穴“画家”的艺术思想和能力也从那时开始萌芽并迅速成长，之后慢慢出现了较为复杂的图形，甚至开始有了反映远古人类生活片段的壁画，绘画艺术也就开始成熟了！

虽然只是漫不经心地涂抹，却为人类建造了艺术的殿堂！

小贴士

最早的洞穴壁画

欧洲发现的最早的洞穴壁画是位于西班牙和法国的单色壁画。其中西班牙的单色壁画是位于坎塔布利亚自治区的阿尔塔米拉洞窟。这个溶洞洞穴在公元前3万年至公元前1万年就有人类在居住了。洞中布满了由红色、黑色、黄褐色等浓重色彩画成的野生动物，有野牛、野马和野鹿等。其中最为著名的是画在洞顶上的长达15米的群兽图，身长从1～2米不等的动物以卧、站、蜷曲等不同姿势悬挂在洞顶上，十分的真实生动，显示了远古人类在描摹方面已取得的巨大成就。法国的拉斯考克斯洞窟壁画也是欧洲最早的溶洞洞穴壁画之一。与西班牙的阿尔塔米拉洞穴壁画的静态相反，这个洞穴壁画中的动物都呈运动的姿态，给人的印象十分的粗犷和气势磅礴。在拉斯考克斯洞窟中还发现了“中国马”，它因为形体跟中国的蒙古马十分相似而得名。

第九章

地球空调——冰川

冬天的雪花总是不期而至，一觉醒来，天地间白茫茫的一片。好在冰雪总会融化，春天来临的时候，便又是一幅万物复苏的好景致了。而在几千万年前，地球上到处都覆盖着冰川，没有冰雪融化，没有春暖花开，整个世界像是被冻结在了水晶球里的缩微景观，那个时期被称为冰期。什么是冰期？冰期是如何形成的？地球历史上有几次大冰期？关于那时的地球，有无数的谜题在等待我们的探索，你想知道科学家们是如何对几千万年前的地球进行研究的吗？你想了解被冰川和冰盖“包裹”着的地球吗？那么就让我们从“冰期”开始，带着一丝好奇，踏上这一场冰雪世界的奇妙旅程吧。

冰川——流动的“固体河”

我们每一次了解冰期都要提到冰川，那么冰川是什么呢？

其实，冰川也叫冰河，这是因为，冰川看起来就像河川一样，只不过这条河川中流着的不是水，而是冰块。大冰块聚集起来汇成了一条“河”。说是像河川一样，可不只是说冰川的形状。和流动的河流一样，冰川也是会流动的。可不要认为只有液体才能流动啊，冰川就是一条巨大的流动“固体河”。那么这么一条“固体河”，能给地球带来什么呢？你可不能小瞧冰川，它虽然是

▼ 冰河，流动的“固体河”

由固态的水——冰构成的，却是地球上除了海洋以外最大的天然水库，还是地球上最大的淡水资源呢！可是在高纬度和高海拔地区，温室效应会格外明显。就像到了春天，冬天的积雪就会融化一样，在温室效应的影响下，地球上的冰川正在迅速地消融着。

冰川融化会给地球带来怎样的影响呢？当高山上的冰川大量融化后会从山上流到山脚下，会造成水灾；而冰川没有大量融化的时候，山脚下的河流水量变小又造成了旱灾。那么直接流入大海的冰川应该不会带来灾难了吧？其实并不是这样，冰川大量融化流入大海之后，海平面会上升，而临近大海的低地都有可能被大海吞噬！

冰川的冰是怎么形成的

我们已经知道冰川是一条由许许多多的大冰块汇集而成的河，那么这么多的冰块是从哪儿来的呢？或者说，在冰期时，冰川的面积这么大，冰川的冰又是从哪儿来的呢？

冰川存在于非常寒冷的地带，在地球上，我们都知道极其寒冷的地带有南极和北极，那么除了这两个地方呢？就只有海拔很高的地方了。越是高的地方气温就会越低，气候就越寒冷。海拔足够高的时候，气温就会降到零摄氏度以下了。我们知道，只有在零摄氏度以下水才会结冰，也只有在零摄氏度以下的时候，固态降水也就是天上下的雪、雹和霰才不被融化，从而保留下来。

在高海拔的寒冷地区，层层的积雪成了形成冰川冰的“原料”。

在经过一个冰雪融化季节之后，没有融化的雪就会丢失它原本的晶体特征，这样的雪被称为粒雪。随着时间的推移，粒雪的硬度和它们之间的紧密度不断增加，大大小小的粒雪相互挤压，紧密地镶嵌在一起，其间的孔隙不断缩小，以致消失，雪层的透明度和亮度逐渐减弱，一些空气也被封闭在里面，这样就形成了冰川冰。

小贴士

冰川有哪些种类

依照分布的位置不同，冰川可分为大陆冰川和山岳冰川。大陆冰川像条大地毯一样盖住大面积的地面，且紧贴地面，形状像盾牌。在海拔很高的高山上存在的冰川叫作山岳冰川。山岳冰川一般就要比大陆冰川小一些。山岳冰川会随着重力的作用而滑动，形状就像盘在山间的一条“大舌头”。

“温冰川”就是温的吗

在你看来，冰川是不是就像冬天室外结的冰一样十分冰凉呢？那如果现在告诉你还有温冰川你会怎么想呢？是不是觉得不可思议呢？冰川还有冷、温之分吗？冰川为什么会是温的呢？别急，我们现在就来揭开温冰川的神秘面纱吧！

在高山地区，长年累月积攒下来的积雪形成冰川冰后在重力的作用下，会以一种“冰流”的方式沿着山坡滑落下来，形成冰川。其实，这种“冰流”的速度不仅取决于山坡是否陡峭，还要取决于冰川的温度情况。说到冰川的温度就不得不提冰川的熔点，冰川的熔点就是把冰川的冰融化成水的温度。因为在极地和

▼ 四川海螺沟冰川是典型的温冰川

高海拔地区，气温要远远低于冰川的熔点，也就是说，在这些地区冰川的冰是不会融化成水的，在这里冷冰川的恒温层温度一般低于零下 5 摄氏度。而低海拔地区就是温冰川的“盛产地”了。所谓的温冰川，就是指冰川恒温层温度正好处于熔点的冰川。你会不会有疑问，温冰川在气温并不低的地区不会融化吗？其实，虽说冰川处在温暖的环境之中，但冰川内部的温度并不会随着外界的气温而升高。这是因为，冰面消融和融水流失把冰面吸收的大量热量都带走了，冰川没有了促使温度上升的热源，自然就无法升温啦。

冰川为什么会是蓝色的

冰是透明的，雪山是白茫茫的，你一定想不到冰川是蓝色的吧！冰川为什么会是蓝色的呢？

◀ 蓝色的冰川

相信你一定记得冰川的冰是怎么形成的吧？在一个冰雪融化的季节之后，没有融化的雪就会丢失它原本的晶体特征，这样的雪被称为粒雪。大量的粒雪在一些物理因素长时间的作用下，才形成了冰川冰。现在我们来更细致地了解一下和粒雪有关的知识吧。因为气候严寒，雪花飘落在高山区域之后并没有融化，后来新飘落的雪花覆盖在之前落下的雪花上面，积雪越来越厚，终于雪花变成了粒状雪花，也就是粒雪。后来，新飘落的雪花又压在下面的粒雪“身上”，于是下面的这些粒雪就被越压越结实，只有少量的空气还留在粒雪晶粒的缝隙中。这个过程不断重复，久而久之就形成了冰川冰。在漫长的岁月中，里面的空气越来越少，冰川冰慢慢变得晶莹剔透。冰川冰中只有微小的气泡，波长较长的红橙光由于衍射能力强，可以穿透，而蓝光波长较短，被散射，使冰川冰呈蓝色。天空和海洋之所以是蓝色的，也是一样的原因哦！

“死冰”是死了的冰吗

你知道死冰是什么吗？难道冰也有生命吗？死冰是不是没有了生命的冰呢？那就让我们一起来探索一下这其中的奥秘吧！

在气候寒冷的时期，冰川广泛发育，“扩张”速度很快。而在气温回升的时候，冰川就会开始消融，或者说后退。我们知道，冰川在流动的时候，会带着底部的碎石一起前进留下长长的擦痕。而在冰川后退的时候，会留下大大小小的冰屑和冰碴儿。

冰川后退时候留下的冰屑和冰碴儿被留在了地势较低的区域，后来被沉积物所覆盖成为了死冰。死冰不仅移动得非常缓慢，融化的速度也相当缓慢，有时甚至需要几个世纪呢！

死冰的移动速度和融化速度这么缓慢，是不是对地球没什么影响呢？其实，冰块对地面是有着一定的冲刷作用的，这种作用在冰块融化之后就显现出来了。地面在这些冰块的冲刷下形成了许多漏斗形的盆地，其中一部分现在已经蓄满了地下水，形成了大小不等的湖泊。

“冰蘑菇”能吃吗

听到“冰蘑菇”这个名字的时候，你会不会好奇，什么是冰蘑菇呢？是冰冻住的蘑菇吗？冰蘑菇是怎么“生长”在冰川上的呢？

其实啊，冰蘑菇可不是什么被冻住的蘑菇，也不是蘑菇的一种，而是冰川时期的一种特殊的地貌。冰蘑菇是在冰川上的孤立着的冰柱，周围还覆盖有大大小小的石块，因为样子就像蘑菇一样，才被叫作冰蘑菇。那么，这些冰蘑菇是怎样“生长”在冰川上的呢？

探究冰蘑菇生长的原因，要从冰川周围生长的山峰说起。在冰川周围环绕有陡峭的山峰，偶尔会有岩石的碎块从这些山峰上滑落到冰面。这些岩石碎块大小不一，而冰蘑菇出现的原因，是

▲ 冰蘑菇

和这些落在冰面的大石块有关的。当你费尽力气搬开一大块石头的时候，你会发现，这块大石头覆盖的地面要比其他地方的地面潮湿，这是由于石块面积比较大，阳光照射不到石块的下面的缘故。覆盖在冰川上的大块的岩石碎块也是这样，它挡住了太阳光，石块下面的冰没有融化，而周围的冰却都融化了。这时，这些落在冰面的大岩石块，和岩石块下面没有融化的冰块就形成了特殊的地貌，也就是我们所说的冰蘑菇。

冰河世纪真的存在过吗

还记得动画片《冰河世纪》里那个奇妙的冰雪世界吗？你会不会觉得那是虚构出来的童话世界？其实，在地球上的的确确存在一个这样的时期，而且那时的地球和动画片里描绘的一样，气候极其寒冷，冰雪常年覆盖陆地。这个极其寒冷的时期究竟是什么？那时的地球又是怎样的一番景象呢？

其实，动画片《冰河世纪》就是人们凭借天马行空的想象力，对历史上那个极其寒冷的时期的一种展现。这个极其寒冷的时期，就是冰期。在冰期，整个地球都处于持续低温状态，这种低温持续了几千万年甚至是两三亿年之久！我们知道，夏天冰箱的冷冻层会结出一层凹凸不平的冰，就像起伏的小山丘一样。而时间越长，这些小“冰丘”还会像得到了“养分”一样，开始慢慢“生长”。冰期时的地球便是这样，持续的低温让冰川开始广泛“发育”，越长越“大”，大陆冰盖开始大幅度向赤道延伸，地球表面覆盖了大量的冰川。因为在这一时期，冰川作用十分强烈，所以这一时期也被称为冰川时期。

大自然就是这么神奇，既可以打造奇妙的冰雪世界，也能给我们四季分明适合生活的气候。想到不断扩张的冰川你会不会觉得有一丝寒冷了呢？是不是觉得现在四季分明的气候比那个冰雪世界更加美好？

▲ 冰河时期的地球

小贴士

冰河时期跟冰期有什么关系

冰河时期和冰期的关系，就像是“年”和“月”，即冰河时期是由许多次的冰期和间冰期交替出现组成的。冰河时期是极地冰盖“包裹”大陆，地球长时间低温的时期。冰期是指一段大陆冰盖向赤道蔓延的时期。

黄土就是黄色的土吗

黄土并不是黄色的土，它是一种有序、细致并掺杂着一些钙质块的石英粉。在冰期时堆积出的黄土层厚度甚至可以达到 100 米以上！黄土层不止有足够的厚度，还有很大的覆盖面积，在欧洲、亚洲和北美洲大概覆盖了 300 万平方千米的陆地。在中国，黄土覆盖的范围不仅相当广泛，且厚度通常超过 100 米，最厚处可达 410 米之深！

那么，黄土是怎样形成的呢？我们知道，山谷中总是有呼

▼ 黄土高原

啸的风，而在冰期时的冰蚀谷也是一样。在冰蚀谷形成的风暴卷着碎屑、沙尘呼啸而过，带来了许多沙石，重一点的沙石在风暴席卷的过程中落了下来，而轻一点的沙石继续跟着风暴“前行”，最后在地势较低的山脉间停住了脚步，而这些沙石慢慢沉积形成了黄土。

从第四纪初期开始，黄土就已经开始发育了，后来又不断地沉淀堆积。也正是因为发育得较早，黄土完整地记录下了那时古土壤沉积的信息、生物化石甚至是气候的信息，成为“不会说谎的记录者”。通过研究，科学家们发现，黄土的沉积多半是在冰期时完成的，而在后来的间冰期里，冰盖开始收缩，气候不再干冷，同时棕色的森林土也开始发育，黄土和棕色的森林土便开始接连沉积，冰期和间冰期的气候循环就是在这样的交替沉积中被记录下来的。据科学家们介绍，240 万年以来，位于陕西的黄土和棕色森林土交替的沉积层已经记录了 11 个古气候组。

黄土除了是冰期最好的记录者，是帮助科学家们研究冰期的好助手，还是天然的矿物肥料，具有其他土壤不具有的品质，比如黄土具有腐殖层、淋溶层和沉积层三种分层。但是黄土也有着一些缺点，首先，黄土的结构是多孔的，没有什么层次，当气候比较干燥的时候黄土会变得很坚硬，可如果这时候下了一场雨把黄土淋湿，黄土就会变得容易坍塌和被侵蚀。所以黄土如果直接被用于建筑桥梁或高楼会是相当不安全的。其次，黄土之上生长的植被不多，容易造成水土流失，这对农业生产是相当不利的。最后，黄土多是偏酸性的土壤，所以要想用于放牧或者耕种还需要经过科学的施肥处理，降低水土流失的程度才可以使用。

水杉为什么被称为“活化石”

在植物中有“活化石”吗？现在，我们就来了解一下植物界的一种“活化石”——水杉。水杉是怎样的植物？活化石具体是什么意思？水杉又是为什么被称为“活化石”呢？

对于化石，我们已经有了一些了解，它是一种生命在地球上存在过的证据。那么，活化石又是什么呢？活化石就是在漫长的历史演化过程中，自身没有发生进化，生长过程中也没有被间隔，并且现在还顽强生存着的生物。因为在地球上存活时间很

▼ 水杉

长，并且没有发生大的变化，这些活化石就像地球的记录者一样，给科学家们的研究提供了很大的帮助。有着“活化石”之称的水杉是一种非常有名的古老珍稀树种，科学家们研究发现，早在中生代白垩纪，地球上就已经出现了水杉，在北半球分布最为广泛。

不过，这些植物最终没能抵御冰期时寒冷严酷的气候，几乎从地球上绝迹了。而在多年前，中国的植物学家们在湖北省和四川省的交界处，发现了巨型的水杉，植物学家研究发现，这棵幸存下来的水杉的树龄已经超过了 400 岁。后来，人们又陆陆续续在四川、湖北、湖南等地发现了不少树龄在几百年的水杉。

动物怎样在冰期存活

就像因纽特人生活在冰天雪地的北极一样，冰期也有不少生命力顽强的动物存活着。那么，这些动物究竟是怎样在冰期存活的呢？它们是靠什么来维持生命的呢？

如果提起生活在冰期的代表性动物，那当然要属长毛犀牛了，它对寒冷的气候有着超强的适应能力。长毛犀牛的身上长着厚厚的毛皮，就像穿上了厚厚的毛衣一样，能很好地抵抗寒冷气候，当然这也是它名字的由来。长毛犀牛还长着一对犀角，长在较前面的犀角大约有 1 米长，这可是相当有力的防卫武器，就像拿着长长的矛一样。

除了长毛犀牛，在冰期还存活着这样一种鹿，它们叫作大角鹿。大角鹿的角十分醒目，有一种震慑潜在敌人的威力。这副角不仅漂亮，还有很大的用处，它们就像两只健壮的手臂一样，一副角伸展开有 4 米长、重 40 多千克呢！

看来，要想在冰河时期生存下去，不仅要能够抵御严寒，还要有很强的防御能力，才能保证不被冻死，也不被其他动物吃掉啊！

冰河时期有人类生存吗

在冰河时期，许多动物数量的急剧减少和人们没有节制的捕猎有着密不可分的关系。那么，在寒冷的冰期也会有人类生存吗？那时候有哪些人生存在地球上呢？冰河时期又是怎样影响了人类的进化呢？科学家们是怎样研究生活在冰期的人类的呢？

说到对生活在冰期时的人类的研究，就不得不提到一个地方——东非大裂谷。地壳缓缓抬升突起，然后裂开，形成了峡谷，这就是东非大裂谷的形成过程。因为裂谷的形成，许多沉积在地下深处很多年的沉积物便“浮现”在了地表，这些年代久远的沉积物给科学家们的研究带来了极大的帮助。也是在这里，人们发现了一具骨化石。1974 年 11 月，研究人员在这里挖出了 52 块属于同一具骨化石的骨头碎片，人们把这具化石命名为“露西”。“露西”有着 320 万年的历史，是一位身高在 1.1 米左右的

“女性”。科学家们把“露西”划分为南方古猿的一种，南方古猿是人类祖先中很重要的一支，第四纪冰河期对南方古猿的进化过程影响非常大。

除了南方古猿，还有许多早期人种生活在冰河期，如智人、卢多尔夫人、尼安德特人，等等。在漫长的进化史中，人类慢慢学会了直立行走，学会缝制衣物，学会使用火种。

猛犸是马吗

猛犸是马吗？其实，猛犸也叫作猛犸象，是一种可以适应寒冷气候的动物。

▶ 猛犸

猛犸象作为曾经世界上最大的象，比现在的大象还大两倍左右，只是猛犸象在现在的地球上已经绝迹了。猛犸象的皮很厚，脂肪的厚度就可以达到 9 厘米呢，不仅如此，猛犸象身上还长着厚厚的一层长毛，就像穿上了厚厚的毛衣，这两样“法宝”让猛犸象的御寒能力要比其他动物强很多。高寒地带的草原和丘陵气候极其寒冷，其他动物适应不了这么寒冷的气候，但有着极强御寒能力的猛犸象却一直生活在这里。猛犸象身体肥硕，又有着粗壮的腿，成年的猛犸象体重在 6 ～ 8 吨之间，而有些雄性猛犸象的体重甚至可以达到 12 吨重呢！

这么强大健壮的猛犸象为什么没有存活下来呢？这中间有许多的原因，气候的变暖、人类的猎杀还有近亲繁殖都是猛犸象灭绝的原因。

小贴士

在哪里能找到冰河时期动物的化石

通常人们会在河流的堆积物中发现冰河时期哺乳动物的化石，当然，这些河流中的沙子一定富含钙化物质。一般地下水普遍呈酸性，这些地下水会把骨头溶解，但是在经常发现化石的河流中，因为钙化物质丰富，骨头才没有被地下水溶解。除了河流边，著名的冰河时期哺乳动物化石发现地还有喀斯特地貌区的洞穴。和富含钙化物质的河流一样，这些洞穴中的泥土也富含钙化物质。

狗在冰河时期就有吗

狗亦称犬，是人们非常喜欢的宠物。但是，你真的了解狗吗？你知道狗是什么时期出现的吗？

不同品种的狗在样貌和体形上都有着不小的差异，那么狗的祖先又是什么模样的呢？在科学家对全世界的上百种狗进行DNA检验之后发现，全世界的狗都有着相似的遗传基础，也就是说，全世界的狗都有同一个祖先。

◀ 狼

科学家们研究推测，早在1.6万年前，生活在亚洲东南部的野生狼已经被人们驯化成了家畜，也就是我们所说的狗。所以科学家们认为，被驯养的狗都是由东亚狼演变来的。那么，来自美洲的狗和来自亚洲的狗有着相同的祖先吗？其实，东亚狼是和人一起从亚洲和欧洲穿越了白令海峡，最终留在了美洲的。

所以说，早在冰河时期就有狗的存在了。虽然，在冰河时期生存过许多体形庞大、有着顽强生命力和适应环境能力的动物，但是这些动物都因为各种原因相继灭绝了。而看似不那么强大的狗，反而存活了下来，还成为了我们人类的好朋友。

如果世界上的冰都融化了，地球会怎样

被层层冰雪覆盖的地球总是让我们充满无限遐想，那些冰雪覆盖了大地后又消融了，而这个过程又给地球带来怎样的改变呢？覆盖着大陆的大面积冰块对地球一定产生了很大影响，现在我们就来一起探索一下有关冰期对地球产生的影响吧！

冰期时候的地球气候十分寒冷，极低的气温让很多适宜生存在温暖环境下的生物无法存活，这样的气候对地球的影响无疑是非常大的。冰期时地球上的一部分液态水冻结成冰，成为大冰盖的一部分，这让海平面大幅度地下降。那么假如这些冻结的冰再融化成水，地球上的液态水不就更多了吗？这可不是一件好事，如果现在地球上的冰全都融化，就会让全球的海平面上升80 ~ 90

米，那么许多临近海岸的村庄、城市就都要被大海淹没了！

冰川融化会造成海平面的上升，这是我们都知道的事，可其实还有很多人们并不清楚的影响。比如，冰川会把大量的太阳光反射出去，让地球气温不至于太高。可随着冰川的融化，反射出去的太阳光少了，温度升高冰川消融，融化的过程中又会吸收大量的热，这些热让冰川融化得更加迅速了。这样的接连反应会让地球变得越来越热。

不止是气温的改变，冰川的消融对环境的影响也是巨大的。埋藏在冰盖中的微生物因为冰盖消融渐渐“重见天日”，它们若是扩散出来，对人类健康产生的危害更是无法估量的！

大冰盖不仅对海洋有影响，也会使陆地发生很大的变化。覆盖在陆地上的大冰盖将重量全部压在了陆地上，这让局部承受着很大压力的地壳开始下降，就像在海绵垫上放了一块石头，海绵垫会凹陷一样。有些地壳甚至被大冰盖压得下降了 200 米，而南极大陆的基底也被压到了海平面以下！

地球会一直温暖下去吗

你会不会觉得地球上现在的气候，比很久以前的气候要“怪异”很多呢？夏天变得更热，冬天又比以前还要冷，天气越来越变化莫测了。人们认为，这都是全球变暖带来的影响。我们一直关注着温室效应和全球变暖的现象，那么之后地球的气候会一直变热还是会一直变冷呢？这两种猜想都不确切，科学家们认为，虽然现在地球的气候看起来是越来越热了，可这都是因为温室效应引起短暂的气候变化。我们知道，冰河时期都是以数万年为单位发生的，这些年的全球变暖现象和长长的冰河时期比起来，简直是微不足道的。

而我们现在是处在第四纪大冰期的后期。虽然现在冰川消融、后退的情况非常严重，但是有气候学家断言，下一次冰期总是要来临的，在未来的几千年后，地球上的冰川会重新生长出来，并覆盖住地球上的大部分地区，那个时候，地球将迎来一次新的冰河时期——第五纪大冰期！

如果人类没有不断提高自身的抵抗能力，而是一味地依赖现有的生活条件，那么当冰河时期再次来临的时候，人类几乎就要面临毁灭的命运了啊！有气候学家指出，新的大冰期来临的时候，人类面临的生存考验要比 2 万年前严重得多！

小贴士

地球上的冰川是在增加还是减少

越来越严重的温室效应，让冰川融化的速度一次又一次地刷新了纪录。近 30 年以来，世界冰川的平均厚度下降了大约 11.5 米！融化速度最快的冰川，要数在安第斯山脉到北极之间的冰川。在中国最大的冰川区——天山，近 40 年中它几乎融化掉了 22%的冰川！